城市安全发展战略研究

赵一归　刘　毅◎著

中国出版集团有限公司
China Publishing Group Co., Ltd.

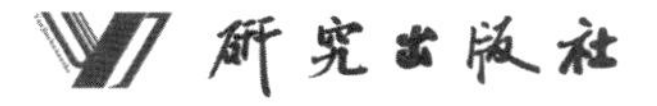
研究出版社

图书在版编目 (CIP) 数据

城市安全发展战略研究 / 赵一归, 刘毅著. -- 北京:
研究出版社, 2022.11

ISBN 978-7-5199-1371-7

Ⅰ. ①城… Ⅱ. ①赵… ②刘… Ⅲ. ①城市管理—安全管理—研究—中国 Ⅳ. ①X92②D63

中国版本图书馆CIP数据核字(2022)第233470号

出 品 人：赵卜慧
出版统筹：丁　波
责任编辑：张　璐

城市安全发展战略研究

CHENGSHI ANQUAN FAZHAN ZHANLUE YANJIU

赵一归　刘　毅　著

研究出版社 出版发行

（100006　北京市东城区灯市口大街100号华腾商务楼）

河北创联印刷有限公司　新华书店经销

2023年1月第1版　2023年1月第1次印刷

开本：787毫米×1092毫米　1/16　印张：7.25

字数：160千字

ISBN　978-7-5199-1371-7　定价：58.00元

电话（010）64217619　64217652（发行部）

引　言

城市是人类文明的标志，是人们政治、经济、文化、社会生活的中心。城市化是经济社会发展的必由之路。党的二十大提出“提高城市规划、建设、治理水平，加快转变超大特大城市发展方式，实施城市更新行动，加强城市基础设施建设，打造宜居、韧性、智慧城市。”自2002年以来，我国城镇人口以每年2000万人的速度递增，截至2022年底，全国城镇常住人口92071万人，城镇化率达到65.22%。

但在城市化进程中，由于城市扩张、社会转型、经济结构调整，加上人口、资源、环境与发展的矛盾，使得城市发展面临新的形势和挑战。尤其是新材料、新能源、新工艺广泛运用，新产业、新业态、新领域大量涌现，城市运行管理日益复杂，城市安全风险交织叠加，严重威胁人民群众生命和财产安全。近年来，相继发生了山东青岛“11・22”（62人死亡、直接经济损失7.5亿元）、江苏昆山“8・2”（146人死亡、直接经济损失3.51亿元）、天津港“8・12”（173人死亡、直接经济损失68.7亿元）、深圳“12・20”（73人死亡、直接经济损失8.8亿元）等特别重大事故，以及上海陈毅广场“12・31”（36人死亡）等公共安全事件、北京“7・21”（79人死亡）等重特大自然灾害，给人民群众生命财产安全造成巨大损失，也暴露出城市安全管理存在的诸多问题。

党和政府高度重视城市安全工作。党的十六届五中全会确立了“安全发展”的指导原则，把安全发展作为一个重要理念纳入社会主义现代化建设的总体战略。党的十八大以来，以习近平同志为核心的党中央把公共安全作为统筹推进“五位一体”总体布局和协调推进“四个全面”战略布局的重要内容和民生大事，摆到前所未有的突出位置，加以部署和推动。习近平总书记在2015年中央城市工作会议上指出：城市发展“要把安全放在第一位，把住安全关、质量关，并把安全工作落实到城市工作和城市发展各个环节各个领域”。2016年，习近平总书记在听取深圳“12・20”特别重大事故调查处理汇报时指出：像深圳这样现代化的城市、经济特区竟然发生这么严重的事故，青岛、天津、深圳这些现代化城市接二连三发生安全事故，暴露出我们城市管理还存在不少短板。2016年12月，《中共中央 国务院关于推进安全生产领域改革发展的意见》对强化城市运行安全保障提出明确要求，提出要“构建系统性、现代化的城市安全保障体系，推进安全发展示范城市建设”。2018 年 1 月，中共中央办公厅、国务院办公厅印发的《关于推进城市安全发展的意见》，对推进新时代城市安全发展做出专门部署安排。为贯彻落实党中央、国务院文件精神，有效应对城市安全面临的问题和挑战，笔者作为主要负责人承担了相关研究课题，深入研究城市发展过程中面临的安全形势和问题，建立城市安全发展系统模型与战略框架，提出推进城市安全发展的战略框架和对策措施，并构建国家安全发展示范城市创建制度和评价体系，为国家和各地指定城市安全发展相关政策文件提供理论支撑和决策参考。由于水平有限，书中不足之处请各位读者批评指正。

目　录

一、绪论

（一）研究范畴

城市有地理意义上的定义和行政意义上的定义，分别对应城市建成区和城市行政区两个范畴。所谓城市建成区，即城市行政区内实际已成片开发建设、市政公用设施和公共设施基本具备的地区。具体指一个市政区范围内经过征用的土地和实际建设发展起来的非农业生产建设的地段，包括市区集中连片的部分，以及分散在近郊区域，与城市有密切联系，具有基本完善的市政公用设施的城市建设用地。行政意义上的城市并不是地理上的城市化区域，而是一个行政区划单位，管辖以一个集中连片或者若干个分散的城市化区域为中心，大量非城市化区域围绕的大区域，比如，北京市、广州市、合肥市，都是行政意义上的城市，不仅包括城市建成区，还包括周边的郊县。

考虑我国政府管理都是以行政区划为基础，而城市建成区是一个动态变化的区域范围，难以精确统计和划分，而城市非建成区也可能发生事故灾难和自然灾害，如道路交通事故、水上交通事故、森林火灾、地震、泥石流等，因此，本书所研究的城市，主要是指行政意义上的城市，具体范畴以城市行政区划为准。

城市安全的概念和范畴也十分广泛。结合应急管理部（国务院安全生产委员会办公室、国家减灾委员会办公室）的职能范围，本书所研究城市安全的范畴主要聚焦城市安全生产和防灾减灾救灾领域。书内所提的安全发展示范城市也是在安全生产和防灾减灾救灾领域具有示范作用的地市级以上的行政区划，包括副省级市、地级市和直辖市所辖区县。

（二）研究内容

1. 总结梳理城市安全发展相关概念和国内外研究现状，研究城市安全发展基础理论。

2. 深入分析我国城市发展和城市安全现状与形势，剖析城市发展存在的安全风险和面临的主要问题。

3. 系统总结国内外城市安全发展先进经验做法，分析其他行业领域示范城市创建经验，为我国城市安全发展提供有益借鉴。

4. 认真贯彻习近平总书记关于安全发展的重要论述，运用城市生命周期、系统工程、社会治理、安全风险管理、“3E”事故预防等理论，构建城市安全发展系统模型，研究提出新时代推进我国城市安全发展的总体框架、总体思路、基本原则和战略目标。

5. 从加强城市安全源头治理、健全城市安全防控机制、提升城市安全监管效能、强化城市安全保障能力等方面提出 15 类 60 项推进城市安全发展的对策措施。

6. 总结分析国内相关示范城市创建经验，研究设计国家安全发展示范城市评估机制，提出 9 个方面、30 项安全发展示范城市创建与评估要点，并以此为基础制定评估指标体系与评估细则。

（三）研究方法

1. 文献研究法。广泛收集整理中央领导同志关于城市安全的重要论述与指示批示、党的十九大、党的二十大，以及中央经济工作会议、中央城市工作会议精神，安全生产法律法规和重要政策文件、其他行业领域改革文件及相关文章资料，为研究提供法规和政策支撑。

2. 案例分析法。对近年来城市中发生的典型事故，特别是重特大事故进行全面系统研究，对城市安全风险、事故发生原因、暴露的突出问题进行深入分析，为提出对策措施提供依据和参考。

3. 实地调研法。深入北京、广东、山东等地区进行实地调研，召开省、市、县不同层次的座谈会，了解城市安全发展存在的主要问题，听取相关意见建议。

4. 比较研究法。研究总结美国、英国、日本、新加坡等发达国家城市的安全管理先进经验，发掘各地城市安全发展好的经验做法和存在的主要问题，借鉴全国文明城市、食品安全城市等示范城市创建经验做法。

5. 系统分析法。立足城市安全发展全局，运用系统工程理论，构建城市安全发展系统模型，研究提出推进城市安全发展的战略框架和措施建议。

6. 专家打分法。邀请数十名来自不同地区的应急管理部门的领导和城市安全领域的专家学者进行咨询，研究安全发展示范城市的创建要点、评价指标和权重。

（四）技术路线

坚持问题导向，围绕城市安全发展，分为研究问题、分析问题、解决问题三个阶段（如下图 1-1　研究技术路线），分析我国城市安全存在的主要问题，研究提出推进城市安全发展的框架模型和战略措施，并设计安全发展示范城市创建评估机制和细则。

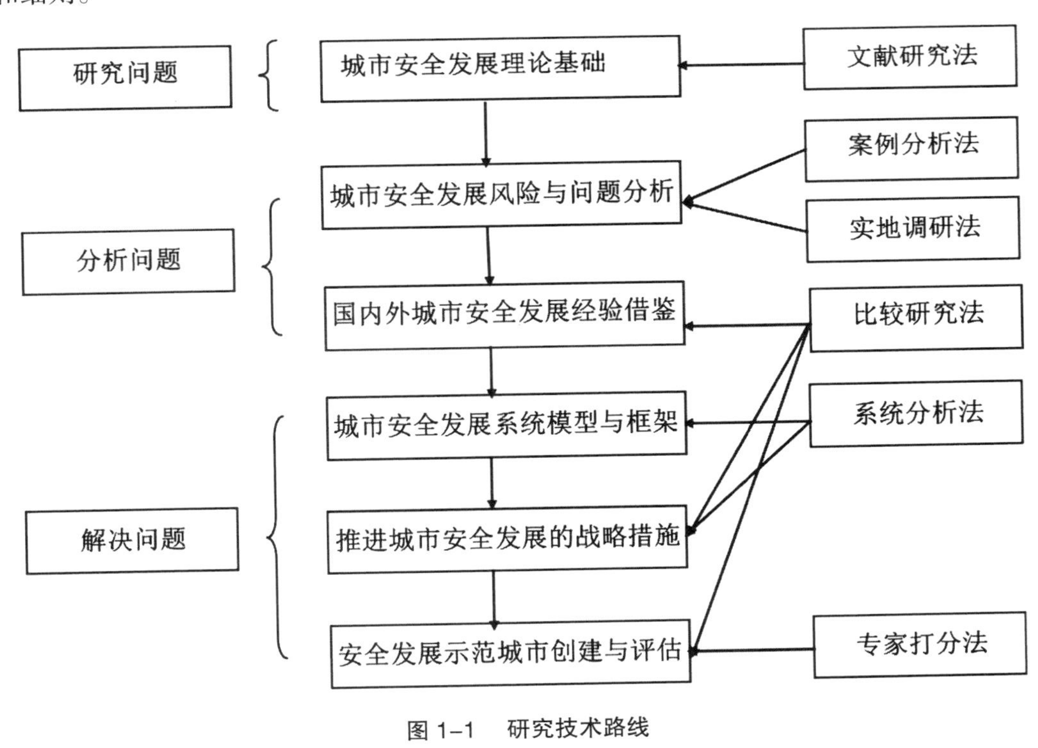

图 1–1　研究技术路线

二、城市安全发展理论基础

（一）相关概念与内涵

希腊著名建筑规划学家道萨迪亚斯（Constantinos Apostolos Doxiadis）曾言："一个城市必须在保证自由、安全的条件下，为每个人提供最好的发展机会，这是人类城市的一个特定目标。"20世纪末至21世纪初，城市安全开始受到密切关注，联合国将1998年10月5日"世界人居日"的主题确定为"更安全的城市"。

1．城市安全

在我国，城市安全通常有狭义和广义两个含义。根据《中华人民共和国突发事件应对法》，狭义上的城市安全包括安全生产、减灾防灾、公共卫生、社会治安等四大公共安全领域。而广义上对于城市安全的界定范围涵盖了几乎所有与城市居民生活相关的领域。如中国地质大学（北京）的罗云在《城市小康社会安全指标体系设计》中定义了城市安全的十二大领域，包括社会稳定、社会治安、公共场所安全、公共卫生、交通安全、生产安全、食品安全、减灾防灾、人口安全、环境安全、能源安全及宏观综合等。中国安全生产科学研究院的李湖生认为："城市安全的范围十分广泛，涉及城市生产安全、公共安全、社会安全、经济安全、环境与生态安全等方方面面。"

国外学者主要采用"安全城市"的概念。由于世界各国的语言习惯和研究重点不同，"安全城市"的含义也有所区别。在英文中safer city一般与阻止犯罪联系在一起，英国人对"安全城市"概念的理解比较单纯，直接定位"犯罪预防"。而在日语中，"安全都市"却倾向于防灾。1995年，韦克利和怀茨曼在《安全城市：规划、设计和管理指南》中提出安全城市的概念：旨在通过城市规划及环境设计，保障城市公共空间免受自然因素及人为因素危害，并以此为基本手段建构城市空间环境整体安全。具体包括为居民提供安全和舒适的日常生活环境、保障居民生活及物质财产不受侵犯、使居民避免各类灾害的危害、消除居民内心的恐惧感、促进城市整体的协调等内容。2015 年，英国《经济学人》杂志公布了全球最安全城市排行榜，其一级评价指标包括：数字安全、健康安全、基础设施安全及人身安全。可见，国外对于“安全城市”的表述主要是以人为核心，满足人的各种安全需要，包括安全舒适的生活环境的需要、物质财产安全的需要、内心安全的需求、避免各类灾害的需要等。

本书所研究“城市安全”如“研究范畴”中所述，属于城市安全生产和防灾减灾救灾的范畴。

2．城市安全发展

原国家安全生产监督管理总局课题组在《安全发展示范城市建设理论与实践》一书中提出，安全发展就是“安全 + 发展”，实践中要正确处理好安全与发展的关系，以安全促进发展，用发展提升安全，形成安全与发展的良性互动、有机统一。一方面，安全是发展的根本要求之一，也是实现发展的重要手段。发展必须建立在安全保障能力、风险防范能力不断增强，人民生命财产安全和身体健康得到切实保障的基础上。只有坚持安全发展，才能减少事故发生，降低人员伤亡和财产损失，实现安全和社会和谐发展。另一方面，安全状况与经济发展水平密切相关，发展成果是保障安全的物质基础。只有经济发展了，才有足够资金进行安全投入，用来提高安全技术装备水平，确保安全技术措施到位，才能够从根本上减少安全事故，提高灾害防治水平。

每一个城市在发展过程中，都必须正确处理安全与发展的关系，坚持“以人民为中心”的发展思想，牢固树立安全发展理念，坚持速度、质量、效益与安全的有机统一，将安全作为基础、前提和保障，标本兼治、综合治理，促进安全水平与经济建设、社会进步、产业调整优化、企业经济效益同步提高、城市安全与经济社会的协调发展，有效防范重特大灾害，坚决遏制重特大事故，切实把发展建立在安全保障能力不断增强、人民生命财产安全和身体健康得到切实保证的基础上。

（二）城市安全发展研究现状

城市安全是一个典型的跨学科研究领域。从学科领域看，城市安全研究散见于各个学科领域，如城市科学、城乡规划学、管理学、法学、社会学、灾害学、工程技术科学与韧性科学等。目前，国内外涉及城市安全的研究主要包括：城市安全承载力、韧性城市、城市安全评价、城市安全规划等方面。

1．城市安全承载力研究

目前，全球城市化进程已发展到全新阶段，新的城市安全问题接踵而来，城市结构越来越呈现出复杂性、相互关联性、连锁性等特性。由于城市发展过快而导致的城市安全与其承载力不协调问题，使得一旦发生事故很可能会引发诸多次生事故，造成超出城市承载能力的灾难。因此，有学者指出，城市安全发展的战略规划需要在明确城市安全承载力的基础上展开研究，将城市承载力作为城市发展的约束条件，防御及治理城市安全承载力薄弱环节，将“底线思维”贯穿到城市安全发展中。

国内学者对城市承载力的研究起源于 20 世纪 80 年代末对城市土地承载力的研究，研究初期多是关于单因素承载力的研究，主要包括城市土地、水资源、交通等要素承载力，2005 年建设部发文提出“着重研究城市的综合承载能力”之后，城市承载力问题开始得到政策关注，相关理论分析及评价研究大量涌现。随着研究进展，社会承载力、城市安全承载力、城市综合承载力等概念不断出现。

但是，国内对于安全承载力的研究较少，至今尚未出现公认的定义。金磊[①]（2008）首次将城市安全容量进一步定义为城市安全承载力，指城市灾害在一段时期内不会对城市环境、社会、文化、经济等安全保障系统带来无法接受的不利影响的最高限度，可将之量化为城市对灾害的最大容忍度。孔凡文[②]（2012）等对城市综合承载力做出了内涵界定，认为城市综合承载力是指在不同时间尺度上，不同城市的资源和发展条件在满足人们一定需求水平下所能承载的人口数量。孙明等[③]（2014）通过剖析我国社区公共安全方面问题，构建出小城镇社区公共安全承载力评价指标体系，运用 DEA 方法对小城镇社区公共安全承载力进行评价。王飞[④]（2014）等构建了基于改进人工鱼群算法的城市综合承载力投影寻踪评价模型，通过寻求最佳投影方向，利用一个综合反映多因素之间复杂关系的特征指标给出相应的评价等级结果，为城市综合承载力的评价提供了新的技术手段。姜豪[⑤]（2016）等采用熵值法从

① 金磊．城市安全风险评价的理论与实践 [J]. 城市问题，2008(2)：35-40.

② 孔凡文，刘亚臣，常春光．城市综合承载力的内涵及测算思路 [J]. 城市问题，2012(1)：26-29.

③ 孙明，朱天宇．小城镇社区公共安全承载力评价体系构架研究 [J]. 安徽农业科学，2014(2)：619-620，630.

④ 王飞，苏经宇，王志涛，王威．城市综合承灾力评价的 AAFSA-PPE 模型 [J]. 建筑科学，2014(3)：29-32.

⑤ 姜豪，陈灿平．城市综合承载力研究——以成都为例 [J]. 软科学，2016(12)：59-62.

自然资源、社会经济和生态环境的综合性维度，对成都2008 ~ 2014年的城市综合承载力进行动态分析，建立了较为完善的评价指标体系。赖卓平[①]（2017）等从环境、资源、基础设施、生态系统、城市安全、公共服务、科学技术和社会文化8个方面，分析了影响哈尔滨城市综合承载力的因素，创建了一个包含49个三级指标的哈尔滨城市综合承载力评价指标体系。李文龙[②]（2017）等在对城市综合承载力系统研究理论的基础上发展了城市综合承载力的系统动力学仿真模型研究，将城市承载力引入城市增长模型。

2．韧性城市研究

郭小东[③]（2016）等提出“防灾韧性城市”的理念，即城市在遭受一定水平的灾害或突发事件后，能够保持正常运行，并可完全恢复原有功能；深入分析了我国城市缺乏韧性的原因，并提出了能够有效评估城市防灾韧性能力的方法。清华大学方东平教授（2017）等[④]在《城市韧性—基于“三度空间下系统的系统”的思考》中提出，城市可被看作是由物理、社会、信息组成的“三度空间”，其中最直观的是物理空间，涵盖所有可见的除人以外的自然物体与人工物体，如自然环境、基础设施、建筑等。社会空间是城市区别于基础设施和建筑群的关键要素，是指人及人类活动所组成的空间，包括经济、文化、教育、医疗等。随着社会的不断进步，城市的运转越来越离不开信息技术，互联网技术、BIM（建筑信息模型）、GIS（地理信息系统）、大数据、人工智能等技术日益改变着人们的生活方式。增强城市韧性，要将有限的资源合理地配置到三度空间下的各个子系统和韧性建设的各个环节。

综上所述，综合认识城市所面临的灾害风险及自身的安全承载力，是规划城市安全发展的基础与前提，是制定城市安全发展战略的科学依据及理论支撑，也是城市遭受灾害或突发事件后，能够正常运行的重要保证。我国目前的城市承载力研究多集中于以生态、环境为中心的城市综合承载力，对于城市安全承载力的理论研究及评价体系方法研究不够全面系统，仍需继续深入。

① 赖卓平，潘思辰，苏义坤．哈尔滨城市综合承载力评价指标体系构建[J].山西建筑，2017（1）：3-4.

② 李文龙，任圆．城市综合承载力系统动力学仿真模型研究[J].生态经济，2017（2）：78-80，189.

③ 郭小东，李晓宁，王志涛．针对地震灾害的综合医院救灾安全性评价及减灾策略[J].工业建筑，2016（6）：21-24，89.

④ 方东平，李在上，李楠，韩林海，吴建平，陆新征，孔祥明，李勇，吕孝礼．城市韧性——基于“三度空间下系统的系统”的思考[J].土木工程学报，2017（7）：1-7.

3．城市安全评价研究

在城市安全综合性评价研究方面，潘峰（2010）等[①]运用主成分分析法和模糊层次分析法来研究城市安全评价指标体系，详细论述了基于粗糙集理论的城市安全指标评价模型的构建，并以具体实例验证了该模型的合理性和可行性。郑志恩（2012）[②]借鉴生产安全、消防安全、环境安全、交通安全、食品安全、社会治安、社会保障和自然灾害预防这 8 个方面现有评价体系的研究，并比较现有国内外统计指标，确立了城市综合安全水平评价指标选择原则，并构建相关指标体系，运用主成分分析法进行指标体系的综合评价，并且，对 15 个副省级城市进行评价分析。常艳梅（2013）[③]对重庆市公共安全评价的因素进行了研究，从城市灾害要素、城市基本特征和城市应急能力这几个方面构建了城市安全评价指标体系。翁文国等[④]人（2017）通过安全保障性城市评价指标体系的建模，研究了面向城市管理部门和面向社会公众的安全保障型城市评价指标体系，为城市安全评价指标的制定提供了理论依据。

在结合公众主观感知的城市安全水平评价研究方面，王松华（2015）[⑤]通过深入分析脆弱性概念，与一般意义上的公众安全感评价相区别，对创新指标和选择评价方法进行探讨，尝试构建以脆弱性为切入视角的城市公众安全感评价体系，从主客观结合评价来衡量城市公众安全水平。

在城市安全动态评估方面，翟国方（2016）[⑥]提出关于城市安全评价指标体系的建立与选择，应该注意两个问题：一是指标的选择必须从实际出发，不同城市的选择标准应该是不同的。二是作为社会因素的评价，总是处于不断地发展和变化之中，可以采用多元化、动态性的评估策略。

4．城市安全规划研究

何明、高霞（2010）[⑦]提出城市安全规划的本质是在对城市风险进行预测的基础上所做的安全决策，或者对城市的安全设计，目的是控制和降低城市风险，使之达到可以接受的水平。城市安全规划的内容包括风险分析、确定规划目标、制定风险

① 潘峰，杜忠友，肖鹏，张建．城市灾害预警系统初探 [J]. 科技与创新，2010(6)：52-53，68.

② 郑志恩．城市综合安全评价研究 [D]. 沈阳航空航天大学，2012.

③ 常艳梅．城市公共安全评价研究 [D]. 重庆大学，2013.

④ 刘奕，倪顺江，翁文国，范维澄．公共安全体系发展与安全保障型社会 [J]. 中国工程科学，2017(1)：118-123.

⑤ 王松华，赵玲．城市公众安全评价体系建设的路径选择 [J]. 复旦学报(社会科学版)，2015(5)：：163-168.

⑥ 翟国方等．城市公共安全规划 [M]. 北京：中国建筑工业出版社，2016.

⑦ 何明，高霞．关于城市安全规划的研究 [J]. 水利科技与经济，2010(7)：778-779.

减缓措施、建立应急救援系统和信息管理系统，以及规划实施细则，其中确定规划目标是城市安全规划的核心问题。洪南福、陈连进（2016）①分析了城市公共安全规划的体系及层次结构，即从宏观层次探讨了城市综合防灾总体布局，从中观层次探讨了城市防救灾体系布局，从微观层次探讨了城市防救灾工程规划。阮晨（2017）②从实现城市公共安全的协同治理出发，分析城市公共安全规划的体系，提出对规划理念、规划内容、规划重点及技术方法、规划实施保障建议。

总之，目前国内外学者对于城市安全发展相关内容已有部分理论研究成果，包括对相关概念及内涵的界定、有关基础理论的研究，主要集中于城市安全综合评价指标体系构建、城市安全承载力的探索、城市安全规划等方面，这些研究成果对本书的研究提供了理论基础和可供借鉴的方法模型。

（三）城市安全发展理论基础

1. 习近平关于安全发展的重要论述

党的十八大以来，以习近平同志为核心的党中央，坚持“以人民为中心”的执政理念，把安全发展摆在治国理政的高度进行谋划部署推动。中央提出的“五位一体”总体布局、“四个全面”战略布局，以及“创新、协调、绿色、开放、共享”五大新发展理念，都涵盖着安全发展的理念和要求。尤其是习近平总书记先后 8 次主持政治局常委会专题研究安全生产工作，亲赴事故现场指导抢险救援，对安全生产和减灾防灾救灾工作做出了一系列重要指示和论述，从指导思想、战略布局、体制机制、政策法规、治理体系等诸多方面，不断丰富安全发展理论体系，提出许多新思想、新观点、新思路，是习近平新时代中国特色社会主义思想的重要组成部分。

习近平总书记首次提出“发展决不能以牺牲人的生命为代价，这必须作为一条不可逾越的红线”，并多次强调“各级党委和政府、各级领导干部要牢固树立安全发展理念，始终把人民群众的生命放在第一位，决不能以牺牲人的生命为代价，这个观念一定要非常明确、非常强烈、非常坚定。”2015 年，习近平总书记在中共中央政治局第二十三次集体学习时强调：“牢固树立切实落实安全发展理念，确保广大人民群众生命财产安全”。在中央政治局常委会第 127 次会议上再次强调：“必须牢

① 洪南福，陈连进. 综合防救灾理念下城市公共安全规划研究[J]. 安全与环境工程，2016(1)：1-4.
② 阮晨. 新形势下城市公共安全规划的思考 [J]. 四川建筑，2017(2)：6-8.

固树立安全发展观念，坚持人民利益至上”。党的十九大进一步提出“树立安全发展理念，弘扬生命至上、安全第一的思想，健全公共安全体系，完善安全生产责任制，坚决遏制重特大安全事故，提升防灾减灾救灾能力。”

习近平总书记关于安全发展的重要论述是认识和解决城市安全问题的世界观、方法论，也可以说是一个总开关、总枢纽。它既决定着安全生产和防灾减灾救灾工作的发展方向，也为城市安全工作提供了科学的思想方法和重要的指导原则。从“安全生产”到“安全发展”，充分体现了党中央、国务院以人为本、保障民生的执政理念，充分体现了安全与经济社会发展一体化运行的现实要求。其本质内涵，就是要把安全作为发展的基础、前提和保障，把经济社会发展建立在安全保障能力不断提升、全民安全健康权益不断得到保障这个基础之上，从而使人民群众能够平安幸福地享有经济社会发展的成果，更加体面地劳动，活得更富有尊严。

2．城市生命周期理论

城市生命周期理论是从生物学概念引入的，一个城市的发展变化和生物的生命历程一样，也经历出生、成长、成熟和衰亡或蜕变的过程。城市在发展变化的第四个阶段，既可能衰亡，也可能进入“蜕变期”，即进入再一次发展的新周期（见图2-1　城市生命周期曲线），而某一城市是衰退还是蜕变，是由当时该城市的各种发展要素及客观条件所决定的。

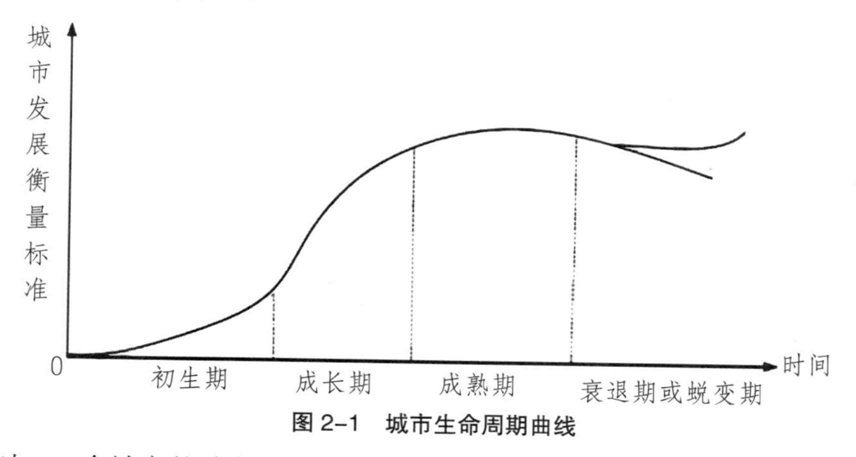

图 2–1　城市生命周期曲线

同时，一个城市的总发展趋势是以它自身每一个单一特定阶段的生命周期发展为基础，而每一特定单一阶段的周期性运动，客观上决定了城市发展的总周期。但在持续时间的长度上，城市发展总周期要比城市生命周期长，城市发展总曲线是城市每一特定阶段的生命周期曲线的总包络线（见图 2-2　城市发展总趋势曲线）。

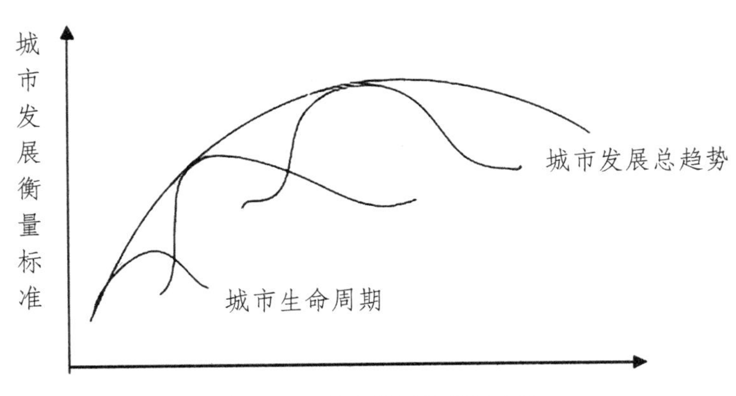

图 2–2　城市发展总趋势曲线

在城市的发展变化中，规划、设计、建设、运行是其不断迭代的环节，而安全问题涉及城市发展的每个环节（见图 2-3　城市安全与城市发展环节）。

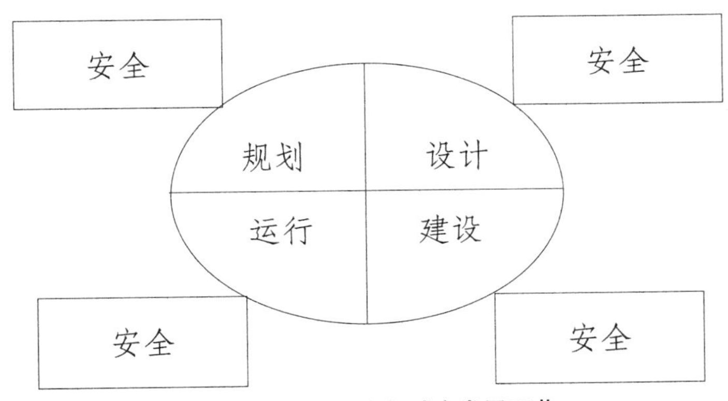

图 2–3　城市安全与城市发展环节

3．系统工程理论

一般系统论创始人贝塔朗菲认为，系统是相互联系、相互作用的诸元素的综合体。系统工程理论就是把所研究和处理的对象当作一个系统，以达到总体最佳效果为目标，为达到这一目标而采取组织、管理、技术等多方面的最新科学成就和知识的一门综合性的科学技术。

霍尔“三维结构”是最具代表性的系统工程方法论，将系统工程整个活动过程分为前后紧密衔接的七个阶段和七个步骤，同时还考虑了为完成这些阶段和步骤所需要的各种专业知识和技能。这样，就形成了由时间维、逻辑维和知识维所组成的三维空间结构，如图 2-4　霍尔三维结构所示。

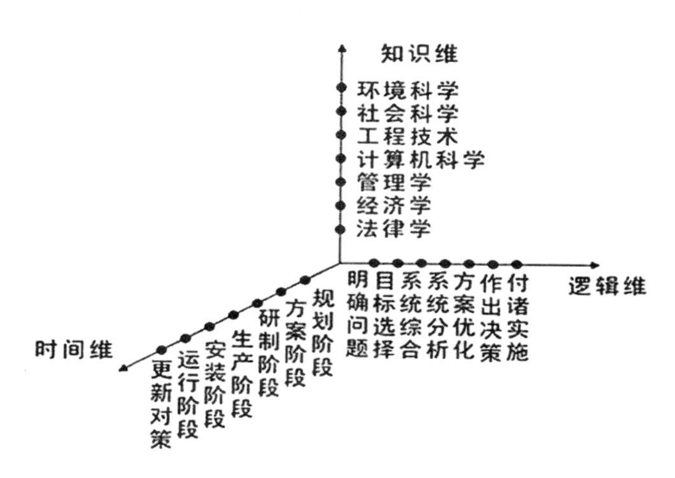

图 2-4 霍尔三维结构

城市是个复杂的巨系统，根据鲍世行主编的《钱学森论山水城市》一书中记载，早在 1985 年，钱学森就指出，城市是一个集约人口、经济、科技、文化的巨系统，应将城市作为一个整体来研究，运用系统科学的理论与方法科学系统地开展城市研究、规划、建设、发展和管理。目前，在学界与实践界，人们已对“城市是一个系统”的观点达成共识。细言之，城市是一个自我组织、自我调节的“开放系统”，是自然、城、人形成的共生共荣的“综合系统”。城市安全与城市系统每个组成部分紧密相连，也是一项复杂的巨系统，具有系统的所有特性，可以应用系统论观点和方法研究城市安全发展问题。

4．社会治理理论

“社会治理”是在“治理”这一术语的基础上产生的。联合国全球治理委员会于 1995 年在《我们的全球之家》研究报告中指出，治理是各种公共或私人机构在管理共同事务时所采用的方式总和，是在调和各种社会冲突和利益矛盾时采取联合行动的持续性过程。它有 4 个特征：1. 治理不是一整套规则和一种活动，而是一个过程；2. 治理过程的基础不是控制，而是协调；3. 治理既涉及公共部门，也包括私人部门；4. 治理不是一种正式的制度，而是持续的互动。这一阐释更具代表性和权威性，基本表达了治理的深层含义。在把治理理念引入现代社会管理模式变革中时，关于社会治理的研究成为一种潮流，理论界对社会治理概念的定义日渐丰富，其中社会治理越来越强调治理主体的多元化，治理作为促进公民参与、公开、权责对等的制度模式进入了公众视野，也被应用到社会生活的各个层面，个人、政府、社会都致力于通过治理以实现秩序、效率、公平等多元价值。

随着风险社会时代的到来，城市安全形势日益复杂多变，出现城市安全突发事件的多发性、破坏性、复杂性与政府治理能力有限性之间的矛盾，这就要求改变政府作为一元管理主体的模式，向社会分权的多元主体参与治理转变。中国特色社会主义治理就是由党领导、政府主导、吸纳社会组织和公民等多元主体参与的治理结构。

5. 安全风险管理理论

风险管理起源于美国，从20世纪30年代开始萌芽，到50年代风险管理发展成为一门学科，70年代以后逐渐掀起了全球性的风险管理运动。风险管理就是组织或者个人用以降低风险的消极结果的决策过程，通过风险识别、风险估测、风险评价，并在此基础上选择与优化组合各种风险管理技术，对风险实施有效控制和妥善处理风险所致损失的后果，从而以最小的成本收获最大的安全保障（见图2-5 安全风险管控方法）。风险管理理论在安全领域广泛应用，主要指通过识别生存社会中存在的危险、有害因素，并运用定性或定量的统计分析方法确定其风险严重程度，进而确定风险控制的优先顺序和风险控制措施，以达到减少和杜绝安全事故的目标。

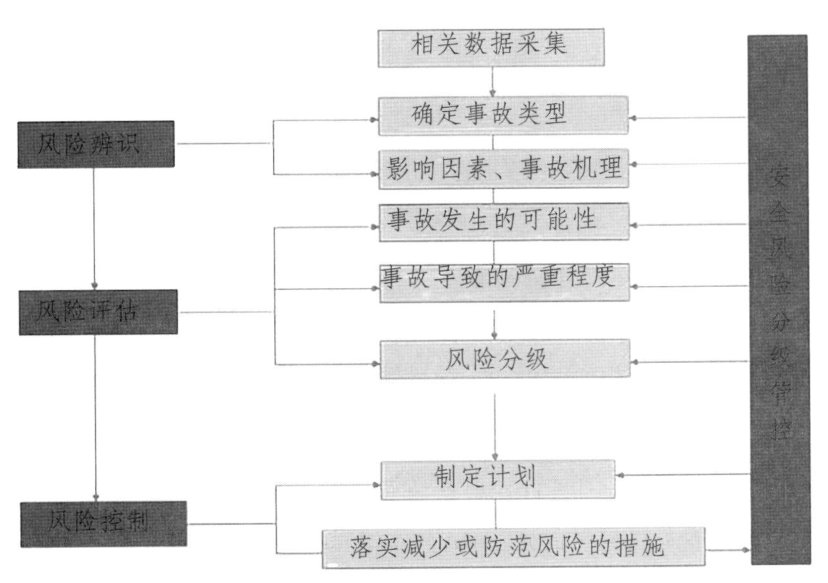

图2-5 安全风险管控方法

随着科学技术的高速发展及全球化的迅猛发展，我们不得不正视世界已开始进入一个新的“风险社会”这一事实。我们居住在充满风险的城市中，加强城市安全管理就是运行风险管理理论，有效防控化解风险。

6．事故预防“3E”理论

通过人类长期的安全活动实践，在国际范围内，安全界确立了三大事故预防或安全保障战略对策理论。所谓“3E”，是指 Engineering、Enforcement、Education。

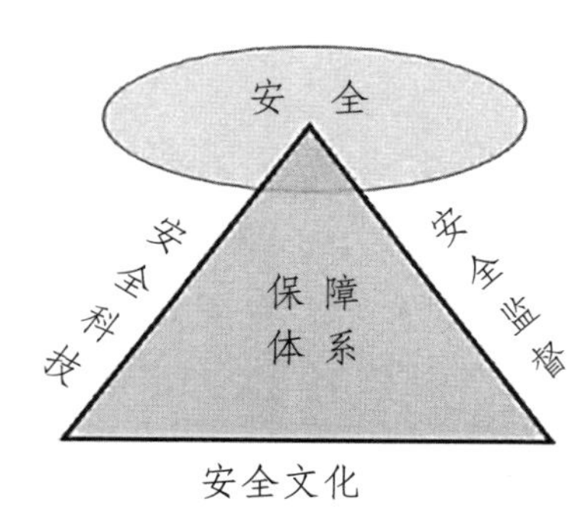

图 2-6　事故预防“3E”理论关系图

（1）安全工程技术对策（Engineering）。是指通过工程项目和技术措施，实现生产系统的本质安全化，或改善劳动条件提高生产的固有安全性。如对于火灾的防范，可以采用防火工程、消防技术等技术对策；对于尘毒危害，可以采用通风工程、防毒技术、个体防护等技术对策；对于电气事故，可以采取能量限制、绝缘、释放等技术方法；对于爆炸事故，可以采取改良爆炸器材、改进炸药等技术对策，等等。

（2）安全管理对策（Enforcement）。是指国家运用立法、执法、监察等手段，通过规范化、标准化、科学化、系统化的监督管理制度和生产过程的规章制度及操作程序，对生产作业活动过程中涉及的危险危害因素进行辨识、评价和控制，对生产安全事故进行预测、预警、监测、预防、应急、调查、处理，从而使生产过程中的事故风险最小化，实现生产系统或活动中人的生命安全、设备财产安全、环境安全等目标。

（3）安全文化对策（Education）。是对各级领导、管理人员及操作员工进行安全观念、意识、思想认识、安全生产专业知识理论和安全技术知识的宣教、培训，提高全员安全素质，防范人为事故。安全文化意识培训的内容包括国家有关安全生产、劳动保护的方针政策、安全生产法规法纪、安全生产管理知识、事故预防和应急的策略技术等。通过教育提高各级领导和广大职工的安全意识、政策水平和法制观念，树立并牢固“安全第一”的思想，自觉贯彻执行各项安全生产法规政策，增强保护人、保护生产力的安全责任意识。“3E”对策中的各个要素不是单一、独立发挥作用，它们之间具有非线性的关系，具有相互的作用和影响，对此，可用安全保障对策“三角”关系和原理来表示（见 2-6　事故预防“3E”理论关系图）。

三、我国城市安全风险与问题分析

（一）城市发展现状与趋势

1．城市划分及现状

改革开放以来，伴随着工业化进程加速，我国城镇化取得了巨大成就，城市数量和规模都有了明显增长。由于城市化进程发展不均衡，导致小城市、中等城市、大城市、特大城市和超大城市，无论在人口、资源、技术、经济、基础设施、自然环境、地域环境还是城市管理上都存在巨大的差异，城市的发展水平不一，城市的安全能力相距甚远。

（1）城市规模划分标准

根据《国务院关于调整城市规模划分标准的通知》国发〔2014〕51号文，我国城市规模划分标准调整为：以城区常住人口为统计口径，将城市划分为五类七档。

①城区常住人口50万以下的为小城市，其中20万以上50万以下的为Ⅰ型小城市，20万以下的为Ⅱ型小城市；

②城区常住人口50万以上100万以下的为中等城市；

③城区常住人口100万以上500万以下的为大城市，其中300万以上500万以下的为Ⅰ型大城市，100万以上300万以下的为Ⅱ型大城市；

④城区常住人口500万以上1000万以下的为特大城市；

⑤城区常住人口1000万以上的为超大城市。

（2）我国城市规模分布

截至2022年，全国城区人口超过1000万的超大城市有7个，分别是上海、北京、重庆、广州、深圳、成都、天津（排名不分先后）；城区人口达到500万—1000万的特大城市有14个，分别是：武汉、东莞、西安、南京、郑州、杭州、佛山、沈阳、青岛、济南、长沙、哈尔滨、昆明、大连（排名不分先后）。城区人口300万—500

万的Ⅰ型大城市有 14 个，100 万—300 万的Ⅱ型大城市有 61 个。

2．城镇化发展现状

（1）城镇化发展阶段划分

城市化是指由农业为主的乡村社会向以工业为主的城镇社会发展的过程，在此过程中，产业结构、人口就业结构会发生重大变化。1979 年，美国学者诺瑟姆在研究英、美等国家城市人口比重变化规律的基础上，发现世界各国城市化过程呈 S 形曲线发展规律，提出了“诺瑟姆曲线”理论（见图 3-1　城镇化进程“诺瑟姆曲线”）。

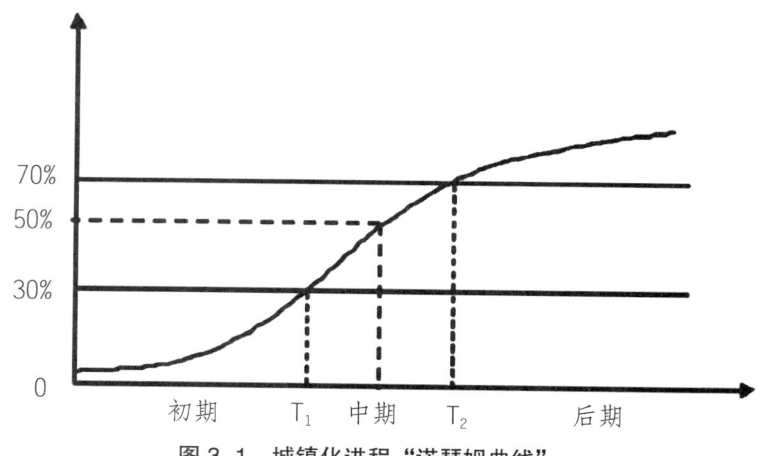

图 3–1　城镇化进程“诺瑟姆曲线”

根据“诺瑟姆曲线”理论，一个国家或地区的城市化进程可大致分为三个阶段。一是初期阶段，城市化率在 30% 以下，城市化速度比较缓慢；二是中期阶段，城市化率在 30%—70%，城市化加速发展，可分为中前期（城市化率在 30%—50%）和中后期（城市化率在 50%—70%）两个子阶段；三是后期阶段，城市化率超过 70%，并在达到 90% 后趋于饱和。

（2）我国城镇化发展所处阶段

改革开放以来，随着工业化和城镇化进程快速推进，我国城市建设取得了巨大成就。1978—2022 年，城镇常住人口从 1.7 亿人增加到 9.21 亿人，城镇化率从 17.9% 提升到 65.22%；城市数量从 193 个增加到 684 个，其中直辖市 4 个，副省级城市 15 个，地级市 278 个，县级市 387 个，形成了长三角、珠三角、京津冀、山东半岛、中原经济区、成渝经济区、武汉城市圈、长株潭、环鄱阳湖等发展较为成熟的城市群

联合国经济和社会事务部（UN DESA）公布的《2018 年世界城市化趋势》报告显示：当前，全世界城镇化率约 55%，预计到 2050 年全球城市化率有望达 68%，

这其中近 90%的城市化增长来自亚洲和非洲。可以预计，未来我国的城镇化率仍将保持较快的速度增长。

2009 年至 2017 年，北京、上海等超大城市城镇人口保持平稳，辽宁、吉林、黑龙江、天津等地区城镇化率增长在 5% 左右，河北、山西、江苏、山东、河南、湖北、重庆、四川、贵州、云南、陕西等地区城镇化率增长在 12% 左右。在 31 个省区中，上海、北京、天津的城镇化率超过 80%；广东、辽宁、江苏、浙江、福建、重庆、内蒙古的城镇化率超过 60%；黑龙江、山东、湖北、吉林、宁夏、海南、山西、陕西、江西、河北、湖南、安徽、青海等 13 个省区超过 50%；四川、新疆、广西、河南、云南、甘肃、贵州等 7 省区超过 40%；西藏的城镇化率不足 30%（见表 3-1　2009—2017 年中国各地区城镇化率增长情况）。

表 3-1　2009—2017 年中国各地区城镇化率增长情况

地区	2009	2010	2011	2012	2013	2014	2015	2016	2017
全国	48.34	49.95	51.27	52.57	53.73	54.77	56.10	57.35	58.52
北京	85.00	85.96	86.20	86.20	86.30	86.35	86.50	86.50	86.50
天津	78.01	79.55	80.50	81.55	82.01	82.27	82.64	82.93	82.93
河北	43.74	44.50	45.60	46.80	48.12	49.33	51.33	53.32	55.01
山西	45.99	48.05	49.68	51.26	52.56	53.79	55.03	56.21	57.34
内蒙古	53.40	55.50	56.62	57.74	58.71	59.51	60.30	61.19	62.02
辽宁	60.35	62.10	64.05	65.65	66.45	67.05	67.35	67.37	67.49
吉林	53.32	53.35	53.40	53.70	54.20	54.81	55.31	55.97	56.65
黑龙江	55.50	55.66	56.50	56.90	57.40	58.01	58.80	59.20	59.40
上海	88.60	89.30	89.30	89.30	89.60	89.60	87.60	87.90	87.70
江苏	55.60	60.58	61.90	63.00	65.21	65.21	66.52	67.72	68.76
浙江	57.90	61.62	62.30	63.20	64.00	64.87	65.80	67.00	68.76
安徽	42.10	43.01	44.80	46.50	47.86	49.15	50.50	51.99	53.49
福建	55.10	57.10	58.10	59.60	60.77	61.80	62.60	63.60	64.80
江西	43.18	44.06	45.70	47.51	48.87	50.22	51.62	53.10	54.60
山东	48.32	49.70	50.95	52.43	53.75	55.01	57.01	59.02	60.80
河南	37.70	38.50	40.57	42.43	43.80	45.20	46.85	48.50	50.16
湖北	46.00	49.70	51.83	53.50	54.51	55.67	56.85	58.10	59.30
湖南	43.20	43.30	45.10	46.65	47.96	49.28	50.89	52.75	54.62
广东	63.40	66.18	66.50	67.40	67.76	68.00	68.71	69.20	69.85
广西	39.20	40.00	41.80	43.53	44.81	46.01	47.06	48.08	49.21
海南	49.13	49.80	50.50	51.60	52.74	53.76	55.12	56.78	58.04
重庆	51.59	53.02	55.02	56.98	58.34	59.60	60.94	62.60	64.08

续表

地区	2009	2010	2011	2012	2013	2014	2015	2016	2017
四川	38.70	40.18	41.83	43.53	44.90	46.30	47.69	49.21	50.79
贵州	29.89	33.81	34.96	36.41	37.83	40.01	42.01	44.15	46.02
云南	34.00	34.70	36.80	39.31	40.48	41.73	43.33	45.03	46.69
西藏	22.30	22.67	22.71	22.75	23.71	25.75	27.74	29.56	30.89
陕西	43.50	45.76	47.30	50.02	51.31	52.57	53.92	55.34	56.79
甘肃	34.89	36.12	37.15	38.75	40.13	41.68	43.19	44.69	46.39
青海	41.90	44.72	46.22	47.44	48.51	49.78	50.30	51.63	53.07
宁夏	46.10	47.90	49.82	50.67	52.01	53.61	55.23	56.29	57.98
新疆	39.85	43.01	43.54	43.98	44.47	46.07	47.23	48.35	49.38

（二）城市安全风险与事故分析

城市是一个复杂的巨系统，涵盖了政治、经济、社会、文化、生态等方面。城市自身的结构是多元的，各种社会与自然的因素在城市中交织重叠，彼此相互作用和影响。所谓城市安全风险，是指由于城市人口密度大，人类活动高度聚集，城市系统的脆弱性显著，使得城市系统及其构成要素存在外在威胁和内在隐患的可能性及其损失的不确定性。2013 至 2022 年，全国共发生特别重大事故 26 起，其中城市人员密集区域发生 9 起，另有 8 起发生在城市周边的高速公路，5 起发生在矿区。

传统的城市风险分成四类：一是自然灾害，包括水旱灾害、气象灾害、地震灾害、地质灾害、海洋灾害和森林草原灾害；二是突发事故灾难，包括工矿商贸等企业的各类安全事件灾害，以及环境污染和生态破坏等；三是公共卫生事件，包括传染病疫情、群体性不明原因疾病、食品安全等严重影响公众健康和生命安全的事件；四是社会安全事件，主要包括恐怖主义事件、群体性事件、重大治安事件、重大刑事犯罪等。

本书所研究的城市安全风险指城市因自然灾害和事故引发的人员生命安全和财产损失。在信息化与全球化时代，城市人口密集、建筑密集、设施密集、技术密集、资源密集、活动密集、信息密集、相互依赖性大。城市安全风险不再是城市发展低级阶段的单一事项的城市问题呈现，而是有着复合性、并发性。

1. 道路交通事故风险

（1）事故情况

在城市化进程中，机动车保有量快速增长，道路交通事故比重也随之上升。随着我国经济持续快速增长，生产能力和规模持续扩大，人流、物流、车流大量增加，全国每天营业性客运量约 5200 万人，相当于一个中等国家人口数量；机动车保有量 2.9 亿辆、驾驶人员 3.6 亿，每天约 4400 万人乘坐地铁、134 万人乘坐飞机；危化品运输车辆约 36 万辆，全年危险货物道路运输量近 10 亿吨，稍有不慎就有可能引发事故。2021 年，全国道路共发生交通事故 25616 万起，死亡 16998 人。

（2）事故案例

① 2011 年 7 月 22 日，京珠高速从北向南 948 公里处，河南信阳明港附近，一辆 35 座大客车非法携带运输的危险化学品发生爆燃，共造成 41 人死亡，6 人受伤，其中 1 人重伤。

② 2011 年 10 月 7 日，滨保高速公路天津市境内，一辆河北省大客车由于驾驶人员超速行驶、措施不当、疲劳驾驶，与一辆小轿车发生碰撞并侧翻，造成 35 人死亡、19 人受伤，直接经济损失 3447.15 万元。

③ 2018 年 10 月 28 日，重庆市万州区一辆公交车，由于一名乘客坐过站与司机发生争执导致车辆失控，在万州长江二桥桥面与小轿车碰撞后坠入江中，车上 15 人全部死亡。

④ 2019 年 9 月 28 日上午 7 时许，G25 长深高速公路江苏无锡段（2154KM 处）发生一起大客车碰撞重型货车的特别重大道路交通事故。该事故共造成大客车及货车上 36 人死亡、36 人受伤。

（3）风险分析

道路交通事故主要有碰撞、翻坠、燃烧爆炸等事故类型。在重特大道路交通事故中，翻坠事故比例最高，而燃烧爆炸事故平均伤亡人数最多。道路交通领域的安全风险主要包括人的因素、车辆因素、道路因素、环境因素等。

①人的因素。我国机动车驾驶员总体文化水平不高，部分驾驶员交通安全意识淡薄，超速、超员、超载和疲劳驾驶等行为屡禁不止，违法超车、违法掉头、越线行驶、争道抢行等违章行为是造成道路交通事故的主要原因。

②车辆因素。造成机动车故障发生的原因很复杂，设计、制造、磨损、疲劳、老化、检查和维修、保养等各种因素都会导致车辆发生故障，从而引发交通事故。同时，

城市内交通工具种类比较多样，自行车、电动车、汽车、摩托车、重卡等性能不一，还有一些货运车辆运输易燃、易爆、剧毒物品，是引发燃烧爆炸事故的重要原因。

③道路因素。道路类型、道路设施、道路条件、道路位置等都是影响事故的重要因素。一些城市道路规划不合理、路段建造质量不高、道路标识标线不清晰、设置不合理、道路标志缺失。还有一些地方受地理位置和经济位置的制约，弯多、陡坡、临水、临崖，都给道路运输带来安全风险。

④环境因素。天气条件如大雾、雨雪、低温、高温、沙尘暴等对危化品运输安全的影响较为显著。在大雪、大雾、沙尘暴等气象条件下，可能出现道路湿滑、能见度降低的情况，同时车辆的制动性能受到极大影响，这增加了驾驶员的驾驶难度，极易导致车辆碰撞或翻覆，从而引发运输安全事故。在高温的天气环境里，储存危险品的器具受日照影响，温度上升、内部压力增大，会增加危险品出现爆炸的概率。运输过程中要充分重视交通环境的影响，恶劣的运输环境会加大运输的风险，提高安全事故发生的概率。

2．建筑施工事故风险

（1）事故情况

随着城市化快速发展，我国建筑施工行业迅猛发展。据统计 2021 年全国房地产开发投资 147602 亿元，比上年增长 4.4%。在其他行业领域事故大幅下降的情况下，建筑施工事故仍然居高不下，事故死亡人数已从 2001 年的 1647 人上升至 2021 年 3854 人，年均增长率 6.7%，占工矿商贸事故死亡人数比重由 2005 年的 17.7% 上升到 2021 年的 15.2%，已成为我国事故易发多发的行业。

（2）事故案例

① 2007 年 8 月 13 日，湖南省湘西州凤凰县在建中的凤大公路堤溪段沱江大桥在拆架时发生整体垮塌，造成 64 人死亡，22 人受伤。

② 2015 年 12 月 20 日，位于深圳市光明新区的红坳渣土受纳场发生滑坡事故，造成 73 人死亡，4 人下落不明，17 人受伤，33 栋建筑物被损毁、掩埋，90 家企业生产受影响，涉及员工 4630 人，直接经济损失 8.81 亿元。

③ 2016 年 11 月 24 日，江西丰城发电厂三期扩建工程发生冷凝塔施工平台坍塌事故，造成 73 人死亡、2 人受伤，直接经济损失 1.02 亿元。

（3）风险分析

建筑施工行业主要事故类型包括高空坠落、坍塌、物体打击、触电等。其安全风险可以从人的因素、设备因素、设计因素、管理因素等方面进行分析。

①人的因素。建筑行业一线人员中约80%是农民工，文化素质偏低，自我保护意识差，法律意识淡薄，很多从业人员未经必要的安全培训就上岗，违章指挥、违章作业、冒险蛮干的现象时有发生，伤亡事故层出不穷。

②设备因素。工程建设活动是一项庞大的人机工程，建筑施工现场设备众多，土方开挖、起重安装、垂直运输、机械操作、拆除工程、临时用电等工程中诸多工种、设备交叉作业，组织管理不当容易发生安全事故。此外，与发达国家相比，我国安全防护技术、防护用具和机械设备还相当落后，标准化、定型化和工业化的程度很低。

③设计因素。有的勘察单位未认真进行地质勘查或勘探时钻孔布置、深度等不符合规定要求，勘察文件或报告不详细，不准确，不能真实全面地反映实际的地下情况等，从而导致基础、主体机构的设计错误。有的设计单位不按照法律、法规和工程建设强制性标准进行设计，导致设计不合理；有的未考虑施工安全操作和防护的需要，对涉及施工安全的重点部位和环节在设计文件中未注明，未对防范生产安全事故提出指导意见等，从而影响建筑质量和施工安全。

④管理因素。建筑行业具有项目流动性大、露天高空作业多、立体交叉施工复杂、构建物不规则、点多面广等特点。部分建筑企业施工现场组织不完善，没有认真执行安全交底制度，对交叉作业缺乏统一的协调管理，作业各方不太清楚存在的安全隐患，作业过程没有必要的安全防护，作业人员的安全意识淡薄，安全技能欠缺。有的企业负责人对安全生产带班制度执行不严，管理人员脱岗现象严重，难以有效指导和监督现场作业人员，不能及时发现和整改安全隐患。一些企业不认真执行技术规程和工艺纪律，施工作业行为不规范，不按设计施工或随意更改设计，不进行技术交底和服务，这些都是引发建筑施工事故的主要原因。

3．火灾事故风险

（1）事故情况

城市中人员密集，生产经营活动繁多，一些老旧房屋电路老化，一些市场、宿舍等公共场所私拉电线，容易引发火灾造成群死群伤。2021年，全国共发生火灾事故76.5万起，死亡2028人，受伤2326人，直接财产损失76.3亿元。2009年—2018年，全国共发生高层建筑火灾3.1万起，死亡474人，直接财产损失15.6亿元。其中，特别重大火灾3起，重大火灾4起，较大火灾24起。

（2）事故案例

① 2010 年 11 月 5 日，上海市静安区一栋教师公寓在外墙节能保温改造时由于焊工作业火星引燃保温材料引发大火，造成 58 人死亡，71 人受伤，建筑物过火面积 12000 平方米，直接经济损失 1.58 亿元。

② 2013 年 6 月 3 日，吉林省德惠市宝源丰禽业有限公司厂房电器线路短路引发特别重大火灾事故，造成 121 人死亡、76 人受伤，直接经济损失 1.82 亿元。

③ 2015 年 5 月 25 日，河南省鲁山县康乐园老年公寓由于电器线路接触引发特别重大火灾事故，造成 39 人死亡、6 人受伤。

（3）风险分析

在火灾事故中，电气短路、违章作业、吸烟、用电用火不慎等是造成事故的主要原因。尤其是电气火灾多发。2018 年，因电气引发的火灾共有 7.4 万起，造成 370 人死亡、226 人受伤，直接财产损失 11.2 亿元。北京大兴“11・18”火灾事故就是由电气线路故障所致，造成 19 人死亡，8 人受伤，事故教训惨痛。消防安全主要风险包括场所因素、管理因素、设备因素、人的因素等几个方面。

①场所因素。截至 2018 年，全国共有消防安全重点单位 37 万多家，共有高超建筑 61.9 万栋，超高层（100 米以上）建筑 6512 栋，城市大型综合体约 2000 栋，大型集贸、批发市场、物流仓库 20 多万个，这些场所建筑机构复杂，体量庞大，很大一部分消防设施不完善，消防责任不落实。尤其是高层建筑体量庞大、功能复杂、人员密集、危险源多、火灾荷载大，给火灾防控带来严峻挑战。商场、宾馆、娱乐、学校、医院等人员密集场所人员流动性大，安全管理困难，火灾风险极高。

②管理因素。一些生产经营单位尤其是民营、中小企业消防安全主体责任不落实，消防安全管理不到位，制度不完善、不落实，防火检查巡查流于形式，整治、反弹，再整治、再反弹的问题突出；消防安全投入不足，消防设施未按规范配置并保持完好有效；消防安全培训不到位，从业人员“一懂三会”“四个能力”建设尚有较大差距；应急预案不完善，演练针对性不强。

③设备因素。现代高层居民楼的室内装修材料及家具中，可燃、易燃物较多，客厅过热的电器设备、老化的线路，一旦着火极易造成群死群伤。老旧建筑防火标准低，消防设施完好率低，大量建筑外墙采用易燃可燃保温材料。有的住宅楼道违规停放电动车，蓄电池长时间通电，车体失修，线路老化，若再赶上夜间的充电高峰，极易酿成大祸。一些生产经营单位在建筑装修、电气安装等方面，违规使用不

符合建筑消防规范要求的易燃材料和不符合电气设备安装要求的劣质电气设备设施，为火灾事故发生埋下了隐患。

④人的因素。我国消防安全培训教育缺失，社会公众和从业人员消防法制观念不强，消防安全意识淡薄，不掌握基本的消防安全知识和技能，逃生自救互救能力不强，在工作岗位易发生违章违规行为，甚至未经培训和考核从事特种作业，对消防安全构成重大风险；在公共场所很少关注疏散通道、安全出口位置及消防安全状况，一旦发生火灾，逃生自救互救能力低下，易造成群死群伤的严重后果。

4．工矿商贸事故风险

（1）事故情况

我国处于工业化、城镇化快速发展时期，城市工矿商贸等劳动密集型产业增长较快，安全隐患与事故风险大量增加，而相对滞后的经济发展与企业安全基础难以满足高危企业安全生产的需要，必然导致工矿商贸行业事故多发。2018 年，全国工矿商贸行业共发生生产安全事故 4176 起、死亡 4036 人。其中，煤矿、非煤矿山、化工事故起数分别占 7.3%、9% 和 2%，死亡人数分别占 10%、9.6% 和 2.6%。

当前，重特大事故从传统高危行业向其他行业蔓延，特别是在许多新产业、新业态、新领域发生，产生许多“认不清、想不到”的事故。尤其是随着第三产业的发展，餐饮行业兴起，许多小餐饮企业因使用液体燃料，频繁发生燃爆造成重大事故，如 2011 年，陕西西安市“11·14”樊记小吃店液化气罐泄漏爆炸事故（死亡 10 人）；2012 年，山西晋中寿阳县“11·23”喜羊羊火锅店液化气泄漏爆炸燃烧事故（死亡 14 人）；2015 年，安徽芜湖“10·11”私人小餐馆液化气罐爆炸事故（死亡 17 人），给人民生命财产造成巨大损失。

（2）事故案例

① 2013 年 11 月 22 日，山东省青岛市经济技术开发区中石化管道储运分公司东黄输油管道原油泄漏发生爆炸事故，造成 62 人死亡、136 人受伤，直接经济损失 7.5 亿元。习近平总书记专程到青岛看望、慰问伤员和遇难者家属，并就加强安全生产工作发表重要讲话。

② 2014 年 8 月 2 日，江苏省昆山市开发区中荣金属制品有限公司汽车轮毂抛光车间发生特别重大铝粉尘爆炸事故，造成 97 人死亡，163 人受伤，直接经济损失 3.51 亿元。

③ 2015 年 8 月 12 日，天津港瑞海公司危险品仓库特别重大火灾爆炸事故，造

成173人死亡，其中包括消防和公安民警110人，事故企业、周边企业员工和居民55人，另有8人失踪，直接经济损失68.66亿元。

（3）风险分析

①人的因素。我国从业人员整体教育水平仍然不高，初中以下文化程度占70%，农民工人数总量达到2.7亿人，煤矿、非煤矿山、危险化学品、烟花爆竹四个高危行业农民工占从业人员总数三分之二。由于大量从业人员安全素质不高，安全意识不强，安全知识不足，安全技能缺乏，“三违”行为（从业人员违反操作规程、违反劳动纪律、管理人员违反操作规程指挥作业）屡禁不止。

②设备工艺因素。高空、临电、吊装、焊接等特殊作业危险系数高，是事故高发环节。生产经营单位生产设备设施及工艺方面存在的缺陷，容易造成机械伤害等事故。配电室，配电箱、柜，电气线路敷设，固定用电设备，临时用电等用电安全问题和缺陷引起触电等伤害。城市中加油加气站和成品油、液化石油气和液化天然气等危险化学品仓储点多、分布范围广，尤其是一些城市化工聚集区快速发展，重大危险源密度高、数量大，危险化学品燃烧爆炸和中毒窒息风险增大。

③场所环境因素。生产经营单位场所环境类危险源主要包括厂内环境、车间作业、仓库作业、危险化学品作业场所等方面存在的问题和缺陷，容易造成中毒、火灾、爆炸等事故，尤其是有限空间容易发生中毒、窒息等事故。

④管理因素。现场管理混乱、技术措施不到位是造成各类生产安全事故发生的主要原因，而企业安全生产主体责任不落实、安全管理体系不完善、非法生产、转包分包等是引发事故的根本管理原因。

5. 自然灾害风险

（1）灾害情况

自然灾害是指给人类生存带来危害或损害人类生活环境的自然现象，包括干旱、洪涝灾害，台风、冰雹、雪、沙尘暴等气象灾害，火山、地震灾害，山体崩塌、滑坡、泥石流等地质灾害，风暴潮、海啸等海洋灾害，森林草原火灾和重大生物灾害等。我国是世界上自然灾害最为严重的国家之一，灾害种类多，分布地域广，发生频率高，造成损失重。70%以上的城市、50%以上的人口分布在气象、地震、地质、海洋等自然灾害严重的地区，东部沿海地区平均每年约有7个热带气旋登陆。当前，全球气候变化的影响在加深，地震、地质、洪涝、干旱等各类灾害交织多发，经济增长、财富集聚、人口集中、城镇化推进也进一步增加了自然灾害的复杂性、衍生性、严重性，给我国城市发展和人民生产生活带来的冲击和影响更加广泛和深远。2008 年南方低温雨雪冰冻灾害、汶川 8.0 级特大地震，2010 年玉树 7.1 级地震以及近年来南方和北方严重暴雨洪涝等一系列重特大自然灾害，均造成重大损失。

（2）灾害案例

① 1976 年 7 月 28 日 3 时 42 分 53.8 秒，河北省唐山市丰南一带发生了强度里氏 7.8 级（矩震级 7.5 级）地震，震中烈度 11 度，震源深度 12 千米，地震持续约 23 秒。地震造成 242769 人死亡，164851 人重伤，位列 20 世纪世界地震灾害死亡人数第二位。

② 2010 年 8 月 7 日 22 时左右，甘肃省甘南藏族自治州舟曲县城东北部山区突降特大暴雨，降雨量达 97 毫米，引发三眼峪、罗家峪等四条沟系特大山洪地质灾害，泥石流总体积 750 万立方米，造成 1557 人遇难，284 人失踪。

③ 2012 年 7 月 21 日，北京市及其周边地区遭遇 61 年来最强暴雨及洪涝灾害，全市平均降雨量 170 毫米，城区平均降雨量 215 毫米，暴雨引发房山地区山洪暴发，拒马河上游洪峰下泄。暴雨共造成 79 人死亡，成灾面积 14000 平方公里，受灾人口 190 万人，房屋倒塌 10660 间，经济损失 116.4 亿元。

（3）灾害风险分析

①气象灾害风险。我国受季风气候影响十分强烈，气象灾害频繁，局地性或区域性干旱灾害几乎每年都会出现，三分之二以上的国土面积受到洪涝灾害威胁。在全球气候变暖的背景下，我国极端天气气候灾害呈明显增加趋势，高温、洪涝和干旱风险进一步加剧，高风险区主要位于东部的人口密集和经济发达地区，且随着时间的推移风险将会逐渐加大，由此带来安全风险也将凸显。

②地震灾害风险。我国位于欧亚、太平洋及印度洋三大板块交汇地带，新构造运动活跃，地震活动十分频繁，大陆地震占全球陆地破坏性地震的三分之一，是世界上大陆地震最多的国家。目前全球正处于大震活跃、分布集中期，未来一段时期我国西部地区处于 7 级以上强震的活动时段，东部地区存在发生 6 级以上地震的可能。全国 58% 的国土、54% 的县城、60% 的地级市、27 个省会城市、近 55% 人口处于 7 度及以上地震高危险区。京津冀、成渝、山东半岛等人口稠密、经济发达、功能集中的地方均处于地震高烈度区域。

③次生灾害风险。我国国土面积广袤，地理气候条件复杂，自然灾害往往呈现群发性特点，一次重大灾害可以衍生一系列次生灾害，形成灾害链，如地震—地质、台风—暴雨—洪涝、高温—干旱—沙尘、低温—冰冻—寒潮等灾害链。随着极端天

气气候事件发生的概率进一步增大，降水分布不均衡、气温异常变化等因素导致的洪涝、干旱、高温热浪、低温雨雪冰冻、森林草原火灾、农林病虫害等灾害可能增多，出现超强台风、强台风及风暴潮等灾害的可能性加大。

（三）城市安全发展主要问题分析

1．安全源头治理需要强化

（1）城市安全发展需要长远规划

①城市发展快、建设无序。我国用40年时间走过了西方发达国家一二百年的城市化进程，早期城市规划建设方面存在先天不足，技防措施薄弱，无法满足安全需求；规划相互难以衔接一致，空间约束性规划无力，各类规划自成体系、互不衔接问题比较突出。城中村、旧城区、旧工业区等场所建筑布局不合理、违法建筑较多，消防基础设施落后，防火间距不足，消防车道狭窄，住宿、仓储、生产“三合一”场所多，火灾风险居高不下。城市作为人流、物流、资金流、信息流等形成的多要素组合的有机体，随着城市化快速发展，各种重点防护目标日益暴露在各种安全威胁中，脆弱性增大，社会关注度高，由此形成综合性后果，造成的经济损失、人员伤亡、环境破坏、社会影响更大。城市地上、地下建设统筹规划滞后，生产、生活区交叉、重叠，重化工等高危行业比重大，部分高危企业和设施甚至位于城市人口聚集区内，造成大量风险和隐患聚集。如我国81%的化工企业在建项目位于江河水域、人口密集等敏感区域，约6000家化工企业位于城市主城区，一旦发生事故极易造成群死群伤。

②项目前期评估论证工作不足。一些重特大生产安全事故暴露出项目建设初期把关不严、风险管控不力等问题，为后续生产经营埋下重大安全隐患。目前，我国项目建设安全风险评估与论证机制不健全，尤其是具有重大危险源的项目在规划设计阶段缺乏风险评估与安全审核机制，项目选址、基础设施布局未建立在科学论证的基础上，有的项目与城市规划相冲突，部分项目甚至未批先建、未验收先使用。

2015年，天津港“8·12”瑞海公司危险品仓库特别重大火灾爆炸事故和广东省深圳市广茂新区渣土受纳场“12·20”特别重大滑坡事故，都不同程度存在未依法进行充分安全论证的问题。“8·12”事故调查报告表明，瑞海公司在未取得立项备案、规划许可、消防设计审核、安全评价审批、环境影响评价审批、施工许可等必需手续的情况下，在现代物流和普通仓储区域违法违规自行开工建设危险货物堆场改造项目并进行危险货物经营和作业。“12・20”事故调查报告表明，红坳受纳场在没有正规施工图纸设计和未办理用地、建设、环境影响评价、水土保持等审批许可的情况下就违法违规建设运营。在这两起事故中，企业均违反了安全论证的相关规定。汲取上述两起事故教训，政府相关主管部门要加强对建设项目实施前论证工作检查，发现问题要依法依规处理。

③企业空间布局不合理。以化工聚集区快速发展为例，生产储存装置日趋大型化，重大危险源密度高、数量大，危险化学品事故风险增大。在城镇化进程中，随着城市的快速扩张，原来的工业生产区域与生活区域越来越近，尤其是化工企业，一旦发生事故将会造成严重后果。例如，2013 年 11 月 22 日，山东省青岛市“11・22”中石化东黄输油管道发生特别重大泄漏爆炸事故，原因之一就是市区居民区不断扩大，与原处于郊区的危化企业和油气管道交叉布置，油气管道发生爆炸最终造成过往行人、周边单位和社区人员，厂区内临时工棚及附近作业人员共 62 人死亡、136 人受伤。天津港瑞海国际物流有限公司“8・12”特别重大火灾爆炸事故造成 173 人遇难，304 幢建筑物、12428 辆商品汽车、7533 个集装箱受损，其中周边企业员工和周边居民 55 人死亡。

历史上不乏因工业场所与居民生活区安全距离不足，导致场内事故蔓延到场外，引发惨痛教训的先例。1984 年，印度中央邦首府博帕尔市的美国联合碳化物属下的联合碳化物（印度）有限公司设于贫民区附近一所农药厂发生氰化物泄漏，引发了严重的后果，造成了 2.5 万人直接死亡、55 万人间接死亡、20 多万人永久残废的人间惨剧。此后，国际劳工组织制定并发布了《预防重大工业事故公约》（第 174 号公约），要求各国政府主管当局必须制定综合的选址政策，规定拟建的危害设施与工作区、居民区，以及公共设施之间要保持适当的距离。

（2）城市安全法规标准体系有待完善

①安全法治体系不完善。我国当前的安全生产和减灾防灾法规体系仍主要以国家法律、行政法规和部门规章为主，“一刀切”现象严重。城市安全涉及众多行业领域，由于综合协调和部门沟通不够等原因，安全立法分散、衔接配套不够协调、修订完善不够及时，甚至还存在法律缺失、相互矛盾等问题。同时，各具体行业的安全状况和立法思路不同、法律法规制定起草的时代背景不同等原因，使我国安全生产与减灾防灾法律体系框架中的一些各种法规、规章之间不可避免地出现了相关立

法不够配套、衔接不良等问题，不少规范之间缺乏有机的联系，一些规范之间存在交叉重叠，部分法律和行政法规在具体适用上存在选择性问题，给执法工作带来一定难度。

②技术标准要求落后。此外，我国安全生产相关标准虽然已有1500多项，但是存在强制性国家标准数量少、部分标准的标龄过长（90%以上的强制性标准超过10年以上）、标准规定尺度不一、关键标准缺失、新产品、新工艺、新业态标准制定滞后等突出问题。城市高层建筑、大型综合体、综合交通枢纽、隧道桥梁、管线管廊、道路交通、轨道交通、燃气工程、排水防涝、垃圾填埋场、渣土受纳场、电力设施及电梯、大型游乐设施等的技术标准亟须制修订。

以大型游乐设施为例，以前的大型游乐设施技术层次较低，通过简单电路控制即可。但如今各种复杂控制系统、磁性弹射技术、虚拟现实技术等不断添加到其中，要保证产品安全，又不能限制行业的发展，给游乐设施标准带来了新的挑战。2017年“8·10”西汉高速陕西段重大事故也暴露出，该道路建设时符合当时的标准，但在实际使用中却容易发生碰撞隧道口事故的问题。这也说明对待高层建筑、大型综合体、综合交通枢纽、隧道桥梁、管线管廊、道路交通、轨道交通、燃气工程、排水防涝、垃圾填埋场、渣土受纳场、电力设施及电梯、大型游乐设施等的技术标准不能只满足质量或施工标准，更应满足安全和应急的要求，同时要根据实际情况不断完善和更新。

（3）城市基础设施安全配置标准偏低

①城市基础设施安全有待加强。当前，城市建设、危旧建筑、燃气管线等重点基础设施存在大量安全隐患，容易引发群死群伤的重点设施、重点部位、重点场所等，安全防范措施不够完备，把控能力较弱。交通、消防、排水排涝等基础设施建设质量、安全标准和管理水平需要提高，高层建筑、大型综合体、燃气、电力设施等城市基础建设的检测维护不够。城市生命线工程建设中相伴出现大量的灾害隐患。截至2015年底，我国燃气管道总长度达50余万公里，城市供水管道达67.7万公里，供热管道达17.5万公里。大型活动和人员密集场所人员相对聚集、流动性强、组织程度低，容易造成火灾和人员拥挤踩踏事故。桥梁、路面、建筑、供水基础工程、余泥渣土场等安全监控落后，安全风险大。

②铁路平交道口存在安全隐患。我国部分城区仍存在铁路平交道口，甚至在北京五环内也存在铁路平交道口。由于铁路、公路和安全措施处在同一个平面上，不

仅造成了交通拥堵，还有安全隐患。特别是随着列车速度的提高、密度的增大和公路机动车辆的增加，道口安全问题变得更加严峻。

③城中村安全管理需要加强。据有关数据统计，全国“城中村”多达数万个。“城中村”虽在地理位置上已经纳入城市区域，但由于属于农村建制的性质，加之历史和管理体制等原因，规划管理无序，布局结构混乱，基础设施缺失等问题突出。受多元文化因素和多层次人员构成的影响，“城中村”人员素质参差不齐，整体文化水平较低，环境和人员复杂。棚户区、城中村和危房是城市火灾事故、建筑坍塌事故集中发生的地区。高层、地下、大空间建筑多，人员密集场所多，易燃易爆场所多，工业园区和“城中村”多，导致城市中的火灾隐患和事故增加。

④城市建成区违法建设多。近年来，未取得规划许可或者未按照规划许可进行建设的违法现象十分严重，相关部门屡禁不止。违法建设未经任何审查，往往存在抢建、野蛮施工、隐蔽施工等情形，施工条件恶劣，安全隐患很大，容易发生道路坍塌、房屋倒塌、人员伤亡等事故，不仅侵犯了公众合法权益，也是一种严重违反城乡规划法律法规的行为，情节严重的应当依法追究刑事责任。2017 年 11 月 18 日晚，北京市大兴区西红门镇新建二村发生重大火灾事故，造成 19 人死亡，8 人受伤。该建筑是典型的集生产经营、仓储、居住等于一体的“三合一”“多合一”违章建筑。

（4）重点产业需要改造升级

①亟须加强“头顶库”治理。自中华人民共和国成立以来，“头顶库”发生溃坝事故 21 起，占尾矿库溃坝事故总数的 55% 左右。2008 年，山西襄汾新塔矿业公司“9・8”特别重大尾矿库溃坝事故，造成 281 人死亡，直接经济损失达 9619.2 万元。目前，全国有“头顶库”1425 座，其中病库 131 座。一些地区和矿山企业对“头顶库”灾害防治工作重视不够，致灾因素普查不清，防灾制度措施不落实，防灾装备运行不可靠等，很容易引发重特大事故。

②亟须加强危化品安全治理。目前，我国有各类危险化学品近 3 万种，涉及生产、运输、储存企业 30 余万家，由于历史原因，相当一部分企业与居民区安全距离不足，化工围城、城围化工的问题突出。部分危险化学品重点地区政府未制定和实施化工行业发展规划，科学确定本地区化工行业发展规模和定位，对广大人民群众生命财产安全造成严重威胁。如江苏南京在梅山、长江二桥至三桥沿岸地区、金陵石化及周边、大厂地区，密集分布着百余家化工、钢铁企业，这四大片区主要位于南京西南、正北、东北方向，几乎对南京城形成了“包围圈”。山东省青岛市“11・22”、天津港“8・12”

等事故反映出危险化学品企业与居民区安全距离不足，会造成周边群众大量伤亡。

③亟须加强交通运输安全治理。我国交通运输行业处于高速发展建设阶段，道路在数量快速增长和规模不断扩大的同时，质量和功能、服务和管理等方面并不能完全适应安全发展的要求，特别是部分早期建成的农村公路临水临崖、坡陡弯急，缺乏必要的安全设施，存在较高安全风险。高速铁路里程不断增加，多个跨海大桥、海底隧道等重大交通基础工程开工建设和投入使用，给城市安全工作带来新挑战，如“7·23”甬温线特别重大铁路交通事故，造成40人死亡，172人受伤。此外，长途客运车辆、旅游客车、危险物品运输车辆和船舶生产制造标准和安全性能与发达国家相比仍有一定差距。

2．安全防控机制不健全

（1）安全风险管控体系亟须建立

①各类城市安全风险凸显。城中村、旧城区、旧工业区等分布广、建筑密度大，加油加气站和成品油、液化石油气和液化天然气等危险化学品仓储点多、分布范围广，城市地下包括燃气在内的各种管网纵横交错，高压、次高压燃气管道靠近人员、财产密集场所。城市各种交通方式的旅客、货物运输量巨大，道路车辆密度高，水域通航环境日趋复杂，交通事故风险相对较大。城市高层建筑不断增加，多高架、多涵洞的高铁在加快发展，输油、输气、输水等生命线工程、核电站、化工厂等高危险产业的敏感度、脆弱性高。面对即将到来的后工业化时代，产业转型升级、科技革命等给城市发展带来新的安全风险。

②各类安全风险交织叠加。随着我国城市快速发展，城市规模不断扩大，城市人口不断聚集，城市系统中各节点之间关系日趋复杂。城市各产业部门之间特别是工业部门间联系十分紧密复杂，一旦发生安全事故，使一个或多个生命线系统损坏，很容易形成连锁反应，产生一系列次生公共安全事故和衍生事故。由地震、洪水、滑坡、泥石流等自然灾害引发次生灾害的潜在危险进一步加剧，也让风险防控与灾害处置变得更加复杂。2013年，湖南常德、江西抚州先后发生雷电引发烟花厂爆炸等事故，教训深刻。

（2）隐患排查治理体系不完善

①隐患排查治理体系不完善。目前，我国在隐患分级标准、体制构建流程上缺少整体谋划，还没有一个比较系统化的、综合的指导生产经营单位开展事故隐患排查治理工作的技术规范，除煤矿外其他行业领域没有较为完善的事故隐患分级标准

体系，小微型企业缺乏相应的技术规范指导，不知道查什么、怎么查、查了怎么办。一些地方和部门隐患排查治理监督执法不严格不到位，没有严格执行重大隐患挂牌督办制度，事故隐患治理落实不够，重排查、轻治理现象比较突出，对于隐患排查治理监管工作中存在“以罚代管”现象，导致重大隐患整改不到位，极易引发重特大生产安全事故。如深圳市“12·20”特别重大滑坡事故，城市管理有关部门在接到受纳场存在重大事故隐患的举报后，对现场核实的事故隐患问题未督促整改，仅要求暂时停工，事故企业没有落实隐患排查治理的主体责任，没有整改受纳场存在的事故隐患，导致事故发生。

②广告牌等高空坠物事故多发。我国户外广告设施数量逐年增多，结构形式也日趋多样，户外广告牌、灯箱和外墙附着物在美化城市形象、加强文化宣传的同时，暴露的安全问题也日益增多。由于户外广告设施多设立在城市繁华地带和人口密集地区，每到恶劣天气如大风季节，广告牌倒塌、高空坠落等事故时有发生。尤其是在东南沿海一带的省份，每年夏季台风、暴雨灾害频发，高空坠物事故尤为突出。

③部分施工单位现场管理不严不细。对于安全隐患排查不深不细，治理整改不彻底。一些单位不认真执行建设施工技术规程和工艺，施工质量控制不力，施工现场管理混乱，对农民工的安全知识和技能培训不到位，缺乏有效指导和监督，导致隐患积聚，特别是隐患排查治理不彻底，同类隐患反复出现，最终酿成事故惨剧。

（3）城市应急救援能力不足

①应急预案体系不完善。当前，我国应急预案框架体系已经初步形成，但从应对一些突发事件上暴露出的问题看，部分应急救援预案仍存在不足之处，存在要素不够全面，预案内容、处置程序和方案烦琐难懂，职责分工不清，安全风险分析不够全面，企业内部以及企业与政府及相关部门预案的衔接性不够，预案演练走过场、流于形式，不能及时修改完善等诸多问题。

②应急保障能力不足。我国应急救援体系建设起步较晚，应急救援队伍专业化、职业化、现代化水平不高，布局不合理，对重点行业领域、重点地区的覆盖不全面，救援装备种类不全、数量不够，专业化实训演练条件不足，部分队伍大型装备运行维护困难。应急救援社会力量缺乏规范有序管理，特别是应急救援平台尚未与公共安全管理信息平台对接，不能在更大范围、更高层次整合应急信息与救援资源。此外，就全国范围来看，我国虽然积累了不同层次和种类，而且具有一定体量的应急救援装备和物资，但是由于隶属关系复杂、调用机制不畅等原因，资源利用率不高，

短时间难以调集，影响救援工作效率。

3．安全监管执法体系不完善

（1）安全管理责任体系不完善

③党委政府领导责任需要强化。部分城市的党政领导干部为了地方经济发展，没有处理好安全与发展的关系，在招商引资上忽视安全风险，甚至为了经济发展降低安全标准和准入门槛，安全发展“说起来重要、做起来次要、忙起来不要”的现象普遍存在。一些地方对职责缺乏具体规定，职责不够明晰、工作不够到位；一些地方尽管按照党中央、国务院的要求做了初步规定，但还不全面、不具体、不准确，重职责要求、轻责任追究问题比较突出；还有少数地方根本没有做出规定，尚未建立党政领导干部责任制。

②部门安全监管责任存在盲区。在安全生产领域现行的30多部相关法律法规中，明确了负有安全监管职责的部门在各自职责范围内独立承担安全监管职责。但在城市安全管理实践中，随着新情况、新问题、新业态大量出现，一些重点领域、关键环节仍然存在由于职责不清、不合理而产生监管盲区和空白。

（2）安全监管体制不顺

①部门安全监管执法存在职责交叉。安全监管执法涉及行业领域多，法律法规多，执法主体多。例如，危险化学品安全监管就涉及安全监管、公安、市场、生态环境、交通运输、卫生健康等诸多部门的监管职责，难免出现职责交叉、重复执法、推诿扯皮等问题。例如，要对一个危险化学品生产经营单位进行全面检查执法，存在多个部门多次执法、监管执法效能较低、企业负担较重等问题。

②开发区安全监管机构不完善。经济开发区是城市众多产业的空间物质载体，一直被视为经济建设的主战场，推进我国改革开放和经济发展的重要载体。自1984年我国提出建设经济开发区以来，目前已经发展形成不同种类、级别的高新技术开发区、经济技术开发区、出口加工区、保税区、边境经济合作区、生态经济区。江苏省昆山市“8・2”事故、天津港“8・12”两起特别重大事故的接连发生，暴露出当前在开发区（工业园区）和港区的安全监管方面存在着漏洞。同时，政府相关部门安全红线意识不强、对城市安全工作重视不够，为了争夺企业落户，各地在不同程度上都放松了对入园企业的安全准入标准管理。部门安全监管职责不清、人员不足、执法不落实等问题未得到重视，长期得不到解决，一些企业往往无视国家法律，违法违规组织项目建设和生产，使得开发区（工业园区）和港区成为当前安全事故

的重灾区。

③新产业、新业态监管责任存在空白。随着我国市场经济和高新技术的快速发展，新产业、新业态大量涌现，一些重点领域、关键环节存在监管盲区。如2017年4月，成都双流国际机场连续发生多次无人机空中接近民航客机的事件，严重影响飞行安全。目前，在餐饮行业大量使用的新型甲醇燃料，没有明确监管部门，缺乏安全标准和操作规程，销售、运输、使用单位和作业人员缺少安全意识，普遍未经过相关安全培训，容易引发伤亡事故。如2015年9月12日，陕西省西安市一所高校食堂在向甲醇储存罐加注燃料的作业过程中发生爆炸事故，造成1死4伤。此外，餐饮场所、未纳入施工许可管理的建筑施工项目等领域监管主体不明确、责任不落实，相关部门相互推诿，存在严重监管漏洞。农村自建房建设和拆除工程普遍存在由个人或无资质施工队伍施工作业的情况，在开挖地基、砌筑墙体、安装拆卸模板、浇筑混凝土、搭拆脚手架等重要工序上缺乏监管，村镇建筑施工事故易发多发。

（3）监管执法能力不足

①专业监管执法人员严重缺乏。目前，我国一些基层市县安全监管执法人员的专业化水平偏低，尤其是化工、矿山等相关专业人员缺乏，整体素质不高。尤其是乡镇一级执法人员流动性大，专业培训不足，有的没有执法证，不会执法、不能执法的问题较为突出。

②执法车辆装备保障不到位。《国务院办公厅关于加强安全生产监管执法的通知》要求深入开展安全监管执法机构规范化、标准化建设，改善调查取证等执法装备，保障基层执法和应急救援用车。但在执行过程中，一些地区人员、车辆、装备等方面并没有完全落实到位。例如，有的地区未按照执法机构标准保障应急管理部门车辆，尤其是乡镇（街道）安全监管机构没有执法用车，安全监管人员享受不到执法津贴和用车补助，“私车公用”的情况较为普遍。此外，同样作为行政执法部门，应急管理部门还没有统一的执法服装，安全监管执法的形象和权威性受到影响。

（4）监管执法效能不高

①监管执法不严格不规范。当前，我国安全监管执法仍然存在责任不明确、制度不完善、程序不规范、计划不科学等问题。一些基层监管执法人员法治意识不强、专业素质不高，导致监管执法不严、执法不公，失之于宽、失之于软的问题较为突出。还有个别领导干部以公谋私，“打招呼”“递条子”，干扰安全监管执法的现象时有发生。例如，湖南湘潭立胜煤矿“1·5”特别重大火灾事故中存在地方有关部门违规

延续采矿许可证，甚至有干部入股煤矿和严重腐败等问题。

②行刑衔接制度不完善。目前从安全生产领域行政执法和刑事司法衔接的情况看，制度还不够健全，机制还不够完善，有的案件线索该移送的没有移送，有的案件移送接收不畅，有的接收了案件但是迟迟不审判，难以发挥法律的惩戒警示作用。例如，《生产安全事故报告和调查处理条例》与《行政执法机关移送涉嫌犯罪案件的规定》对案件的移交时间和相关证据材料要求不一致，应急管理部门事故调查取证的方法与标准与公安部门不一致，很多证据公安部门无法使用，需要重新调查取证，影响了相关人员责任追究的时效。有些地方政府和部门对危害安全生产秩序的刑事犯罪打击不力、处罚偏低，存在以经济处罚代替责任追究、以行政处罚代替刑事处罚、以缓刑代替实刑等现象。还有一些地方政府不重视城市安全工作，企业拒不执行安全生产行政执法决定，应急管理部门申请强制执行后，有的司法机关不予受理或不执行，严重损害了行政执法和司法公信力。

4．安全保障能力不足

（1）社会化服务支撑能力不强

①安全技术队伍力量不足。我国现有的安全生产和防灾减灾社会化服务人员来源，主要为高等院校安全工程专业的应届毕业生、高危行业企业安全管理人员等，安全技术服务力量的专业技能、人员数量、服务能力明显供给不足。

②缺乏高水平的安全技术服务机构。与杜邦公司、FM全球公司、贝氏评级等历史悠久、全球知名、实力雄厚的专业型公司相比，我国城市安全社会化服务机构开展业务时间不长，缺少经验和数据的积累，专业人员专业素质和能力亟待提高，技术开发能力较弱，自主创新能力不强，发展模式简单粗放，产品竞争力不足，创新和可持续发展自觉性不强，目前，普遍规模偏小，几乎没有较大较强的行业龙头企业，其专业能力和发展水平仍然滞后于社会化治理的需求，对城市安全各项工作的支撑作用不足。

（2）安全投入和科技水平整体不高

①安全投入保障不足。安全投入是城市安全的基本保证。目前，中央和大部分地方财政均以不同形式设立了安全专项资金，但一些经济欠发达地区政府财政安全投入仍然不足，安全欠账较多。社会化、市场化公共安全投入机制尚未建立。很多企业安全生产费用提取和使用监督机制不健全，部分企业未能足额提取安全生产费用，影响正常的安全生产投入，还存在将安全生产费用挪作他用的

现象。

②安全管理信息化水平不高。当前，安全监管与市场监管、环境保护、治安防控、消防安全、道路交通、信用管理等各部门间的信息共享资源不多、共享渠道不畅，在电子政务的建设中“烟囱工程”“信息孤岛”现象仍然存在，每个部门都在建设自己的系统、制定自己的标准，但部门之间的信息不通。全国城市安全信息化建设基本上处于各地各自为政的状态，缺乏系统性、全局性的顶层设计，没有统一的建设标准，地区、部门间不能互通互联和数据共享，系统重复建设、数据重复报送问题突出。部分地区信息化资金投入不足，系统建设严重滞后，监管效率低下。

③安全基础理论和重大关键技术研究亟待突破。创新能力亟待提高。危险化学品生产制造设备和装置成套大型化、生产自动化、决策智能化，对安全监测监控传感技术、信息处理技术、物联网、云计算超前感知系统，应急救援装置大型、专业、配套和信息传输无域限、无时限、可视化、智库系统建设等技术研究和攻关，仍不能满足日益增长的安全发展需要。

（3）安全培训教育体系亟须加强

①普通市民的公共安全意识严重匮乏。市民对公共安全的迫切需要与现实中对社会公共安全缺乏信任存在矛盾，同时普遍缺乏公共安全意识和基本的危机应对能力，城市安全文化尚未形成。调查数据显示，城市居民中接受过危机应对和生存救济方面知识和能力培训的不到10%。许多被调查者知道利用灭火器、打求助电话、准备常用的应急药品和手电筒来应付突发事件，但绝大部分的调查对象没有采取使用火灾报警器、煤气泄漏报警器、准备防燃物品等措施来预防危机的发生。

②广大农民工文化程度较低、安全意识淡薄。据统计，2010年，煤矿、非煤矿山、危险化学品、烟花爆竹四个高危行业中，约2/3的从业人员是农民工；每年职业伤害、职业病新发病例和死亡人员中，半数以上是农民工。以尘肺病为例，许多农民工为了赚钱养家，不顾工作条件的恶劣，以为粉尘大些、脏些没问题，直到去医院检查时才发现患上不可逆转的尘肺病，不但彻底丧失了劳动能力，且受多种并发症折磨，贫病交加，生活更加窘迫。

③安全宣传教育体系不适应新时代的要求。随着互联网的不断普及，随着微博、微信等新媒体的崛起，互联网已经成为宣传教育的主战场，给安全生产带来很多的机遇和挑战。相较之于，新媒体安全宣教工作较为滞后，迫切需要建立和完善安全宣传教育制度，如新闻管理制度、新闻发言人制度、网评员制度、信息公开制度等。

四、国内外城市安全发展经验借鉴

（一）国外城市安全发展模式

1．美国纽约

纽约是美国第一大都市和第一大商港，不仅是美国的金融中心，也是全世界金融中心之一。由于是联合国总部所在地，它也是国际政治中心之一，可以说，纽约在世界城市体系中扮演着极其重要的角色。

（1）应急管理体制

纽约市独特的经济、政治和历史地位对城市安全管理提出了严峻考验。正是在这些挑战面前，纽约市政府逐渐建立了一套完备的城市公共安全应急管理体系，即统一管理下的城市公共安全体系。美国于1976年出台了《全国紧急状态法》，规定该国总统有权宣布美国进入紧急状态，此外，美国各州也制定了州紧急状态法，州长和市长有权根据法律和应急事态宣布该州或市进入紧急状态，包括遭遇恶劣天气、社会暴乱等公共安全事件。2004年12月，《国家应急计划》出台，该计划的目的是通过一系列的部门管理活动，在全国建立一个综合性且针对所有灾害的方案，包括事前预防、准备、事发应急和灾后恢复。依照2008年和2009年纽约相继发布的《纽约州多灾种减灾标准规划》《纽约减灾规划》，纽约市经风险评估后，形成了纽约市的风险清单。以上政策法律的出台，以及在公共安全风险管理的实践中，纽约市逐渐建立了直属市长领导的、跨部门的、综合型的风险管理机构。

1941年罗斯福总统成立联邦市民防御办公室，纽约市成立了纽约市市民防御办公室，1984年更名为纽约市应急管理办公室（OEM），受市警察局管辖。1996年，该机构成为市长直属机构，负责人直接向纽约市市长汇报工作。2001年底，通过纽约市全民公决，升格为正式的职能部门，作为纽约市进行综合应急管理的常设机构和最高指挥协调部门。纽约市应急管理办公室下设健康和医疗科、人道服务科、应急恢复和控制科、国土安全委员会 4 个工作单元，分别对应不同的工作职能。纽约市应急管理办公室所定义的应急事态几乎涵盖所有可能对人们的生命和财产安全造成威胁的突发性事件（包括建筑物的崩塌或爆炸、一氧化碳中毒、海岸飓风、传染性疾病暴发、地震、炎热酷暑天气、严寒天气、龙卷风、雷电、暴风雨、火灾、有毒或者化学物质泄漏、放射性物质泄漏、公用设施故障、社会秩序动荡、恐怖袭击等）。对内，它与纽约市警察局、消防局以及医疗服务机构通力合作，共同设计并组织实施应对各种应急事态的应急方案；对外，它与许多州和联邦一级的政府机构保持日常合作关系，如纽约州应急管理办公室、联邦应急管理署（FEMA）、国家气象服务中心（NWS）、公平和正义部（DOJ）以及能源部（DOE）等。纽约市应急管理办公室与这些机构互通信息，协调彼此的规划方案，共同进行培训和演习活动。应急管理办公室的日常工作主要包括 3 个方面：危机监控、应急处理、与公众进行信息沟通。

（2）应急管理运作机制

纽约市主要通过 3 个阶段项目运作的方式，将监测预警、决策响应、动员协调等机制有效融合，构建了一套完整的城市安全风险防控机制体系。一是应急准备项目。为了能够出色地应对各种各样的危机事件，纽约市设计、开展了很多帮助城市市民和工商业界“做好准备”的项目。为促进这些项目有效运作，定期开展训练和演习。二是应急反应项目。这是一套危机发生后快速应对的机制汇总，主要包括城市危机管理系统、城市应急资源管理体系、911 应急呼救和反应系统、移动数据中心、城市搜索和救援项目。三是应急恢复项目。包括针对公共机构和针对商业界的应急恢复项目，还设计了很多子项目。

（3）应急管理法制保障

作为一个典型的法治国家，美国安全风险管理领域的法律非常齐备，表现在几个方面：明确政府在安全管理中的社会职责，严格限定政府相应部门的权责边界，细致规定政府内部的协助关系，保障和强化政府与私营部门的合作。另外，美国还在系统防御、财政保障、善后救助以及特殊抚恤等方面加强立法建设。

（4）应急管理预案保障

美国各大城市预案都较为完备，普遍坚持以生命周期理论和社区可持续发展为指导设计预案。由联邦政府发布州级以下政府应急预案制订指南，推动全美应急预案具备完整的体系并保持较高的连续性。对预案基本要求包括：预案统一标准化、与培训紧密结合、执行严格的制定程序、最大化地贴近实际、全面吸收非政府力量参与、保持连贯的常态化修订、完全社会公开。

2. 英国伦敦

伦敦作为英国的首都，同时也是英国的政治、经济、文化中心，是欧洲最大的城市，与纽约并列为全世界顶级的国际大都会，是世界上最大的经济中心之一、全球最重要的银行、保险、外汇、期货和航运中心。由此可见，伦敦市需要应对的危机十分复杂。在英国，灾难事件被应急服务和救援组织称为“重大事故”（major incident）。同时，“应急管理”（emergency management）一词在英国不常用。形容这一工作通常用的“应急规划”（emergency planning）。英国应对危机的体制包括地方、地区和中央三个层次的结构。伦敦市的应急规划机制的基本框架在本质上与国家的应急规划机制是一样的，处理一线危机的角色和职责都是相同的，但是，由于伦敦的特殊地位，其应急规划机制有许多独有特点，如设立了许多专门的组织机构应对伦敦范围内可能发生的各类紧急事件。

（1）国家层面的应急规划

作为中央政府的所在地，伦敦的地位非常特殊，面临的危机风险更大。因此，在英国内阁中，设立了专门的伦敦应急事务大臣，监督伦敦重大违纪事项的准备工作和危机应对工作。该大臣的办公室设在副总理办公厅，作为内阁成员的副首相主管伦敦地区应急事务。同时，适用于英国其他地区的国家应急处理机制仍然适用于伦敦。

（2）地方层面的应急规划

①伦敦应急服务联合会。该机构最早成立于 1973 年，成员包括应急服务组织和地方政府的代表，主要来自以下各部门：城市治安服务部、伦敦消防总队、伦敦市警察局、英国交通警察署、伦敦急救中心，以及伦敦市各级地方政府，负责地区应急预警、制定工作计划、举行应急训练。灾难发生后，负责人必须协调各方面的力量有效处理事务，并负责向相应的中央政府部门如卫生部、国防部寻求咨询或其他必要的支援。

②伦敦消防应急规划署。该机构源于早期的消防民防暑，是另一个地方应急规划组织，直接对大伦敦议会和市长办公室负责，是整个城市应对火灾、地震等各种灾害最重要的力量。它的消防职能由副总理办公厅管理。它的内部应急规划小组有义务协助地方政府进行人员培训，执行计划，同时也要为伦敦履行地方政府控制重大事故的职能。

（3）地区层面的应急规划

伦敦应急机制在地区一级的结构，除了额外附加一级管理，其他方面与国家层面应急机制大同小异。

①伦敦应急小组。该组织是伦敦市政府办公厅内部的机构，是2001年美国纽约世贸中心被袭后设立的第一个地区性应急组织。最初，该组织只是一个临时的下属委员会，负责调查首都应急管理机制应急能力的状况，如今已成为一个常设性的组织，其职责在于保证伦敦做好各种“灾难”事件的应急准备工作。

②伦敦应急论坛。该机构主要是监督伦敦应急小组的工作，其成员都是代表主要应急机构和关键合作部门的高级官员。英国内阁主管伦敦应急工作的内务大臣担任主席，伦敦市长担任副主席。该机构对中央政府负责，下设许多分会和工作组，致力于伦敦具体各方面的应急准备措施。

③市长办公室和大伦敦议会。市长办公室负责处理伦敦战略管理问题，协调全伦敦范围内的行动。大伦敦议会在危机预防和应急应对中没有正式职责，只是通过伦敦政府协会为地方政府提供支持和援助。

④伦敦政府办公室。该机构主管伦敦应急小组，职能与其他的地方政府办公室相同，同时还要在危机预防和应急应对中协助另外一些政府部门。

3. 日本东京

东京是世界级的综合性现代化国际大都市，在国际社会经济中，有非常重要的地位。东京是日本的首都，是日本的政治、经济、文化中心，是日本的海、陆、空交通枢纽。由于地处地震和火山活跃的环太平洋地带和地形、气候等原因，地震、台风、暴雨、海啸、火山喷发等自然灾害频发，因此，日本社会高度重视防灾减灾工作，无论是基础设施建设，还是政府的应急管理能力，市民的防灾减灾意识，都发展到了很高的水平。

（1）应急管理的理念和原则

东京的应急管理理念和原则可以概括为：重视市民的生命安全和财产，政府全体行动进行一元化管理，同时作为行政改革的一环为市民提供安心、安全、安定的生活环境和社会环境，不断改进，进行循环管理。

（2）应急管理体制

2002年，东京提出建设面对多样的危机、迅速正确应对的多元体制战略，于2003年4月建立了知事直管型应急管理体制。该体制设置局长级应急管理总监，改组灾害对策部，成立综合防灾部，建立一个面对各种危机的全政府机构统一应对体制。自卫队、警视厅、消防厅各自派遣两名干部职员置于应急管理总监的管理之下。在组织制度上强调 3 项功能：强化信息统管功能、提高危机事态和灾害应对能力、加强首都圈大范围的区域合作。设立东京都防灾会议，作为东京安全风险防控的最高行政决策机构。

（3）应急管理运作机制

东京的风险防控工作指导体系，包括社区风险评估、全民安全风险教育、多元主体参与合作、风险信息公开、跨区域合作等一系列常规行动，充分融合了安全风险防范的很多机制。此外，东京还对安全风险因素发生后政府内部一系列指挥协调运作机制如何展开，通过工作任务表等方式进行细化设计，并向社会公开。

（4）应急管理法制保障

在日本国家层面，有关防灾与应急管理的法律非常完备，东京在遵守国家法律的基础上，地方法规也相当完善，当国家制定了某方面的法律，东京都会马上制定相应的条例和实施规则或细则。为保证灾害发生时各种社会力量与周边地区、城市的相互救援与合作，东京都还采用制定规则与签订合同的形式，建立一种法律保障关系。

（5）应急管理预案保障

东京的应急预案建设全面具体，过去发生过或者未来可能威胁东京的各类安全风险问题都有相应的预案，只是在呈现方式上表现为各种手册、规划或指南，相关内容通过官方网站向社会公开。近年来，日本政府在全国普遍加强预案的制度性设计，构建了系统连贯、规范明晰、相互衔接的预案体系，严格以风险分析和评估为前提开展预案设计，并学习欧美国家经验，将“业务持续性管理”（BCM）理念引入安全风险防范计划制定当中。

4．新加坡

新加坡位于马来半岛，整个国家即是一座城市，总面积只有 719 平方公里，截至 2022 年，新加坡总人口达 564 万人，是世界上人口最密集的城市之一，也是亚洲最重要的金融、服务和航运中心之一。同时，它被广泛认可为世界上最安全的城市之一。

虽然，新加坡受地震、台风、火山喷发等自然灾害的概率比较小，但是由城市的快速发展所带来的人口聚集、高层建筑林立等问题导致的人为风险隐患不断增多。

2005年，新加坡政府着手建立了一套风险评估和侦测系统，以全面收集、分析和解读自然灾害、疾病疫情、人为破坏、事故灾难，以及战争和恐怖主义威胁等各种情报及灾难预测，力求充分掌握各种可能构成威胁的状况。因此，在应对各种灾害的过程中，新加坡建立了一整套围绕政策、运行和能力发展的比较完整的国家安全体系。

（1）应急管理体制

新加坡的应急管理体制，覆盖从最高层的内阁到最基层的社区、从政府部门到社会力量的应急管理机构，真正建立了“纵向到底、横向到边”的组织网络。内阁是最高层的应急管理组织架构；第二层级是跨部门的应急管理机构，该机构综合了多个部门资源；第三层级是独立的部级机构，新加坡的应急管理工作主要由内政部牵头负责；第四层级是部内的应急管理机构；第五层级是社会性的应急管理机构。

（2）应急管理机制

为了进行有效的政策协调，新加坡在政府的中心建立了国家安全协调秘书处（NSCS），直接受安全政策审查委员会（SPRC）的指导。安全政策审查委员会是在总理的领导下，由国家安全统筹部长（the Coordinating Minister for Security and Defence）主持，国防部、内务部、外交部部长组成，他们定期举行会议，审查最重要的国家安全能力的发展目标，讨论关键问题和威胁，并检讨现行的国家安全的措施。作为重要枢纽的国家安全协调秘书处，办公地点设在总理办公室，主要负责国家安全规划和政策与情报的协调事宜。秘书处由国家安全及情报协调处的常任秘书领导。两个关键的部门——国家安全协调中心（NSCC）和联合反恐中心（JCTC）为秘书处的有效运转提供政策和情报支持。国家安全协调中心由各独立的小组组成，它们分别负责政策、规划和风险评估与侦测（RAHS）等；而联合反恐中心则主要针对恐怖事件提供情报和恐怖威胁评估。在防御准备方面，政府各部门都在其职能范围内确定明确的工作内容和计划，很容易就能够在物资准备、科技研发、改进装备、人员培训、演习训练、全民教育等方面做出政府预算。其中，民防部队在灾害拯救计划方面就承担了对公共场所、生产和商业机构、社区家庭等灾害预测、损失评估、应对预案等方面的预算编制工作。

当灾害发生时，新加坡立即启动“国土危机管理系统”（Homefront Crisis Management System）。该系统由国土危机处理部长级委员会（HCMC）和国土危机管理执行小组（HCEG）组成。国土危机处理部长级委员会由内务部部长主持，各内阁部长作为主要成员。在危机发生时，委员会本着“拯救生命和防止进一步伤害、尽量减少财产损失和消除或控制威胁”的目标，提供战略和政治指导；而国土危机管理执行小组，主要由各相关部门和政府机构的高级决策者组成，他们主要提供政策指导和战略决策，并且提供业务协调、跨部门沟通以及保障部长级委员会的决策和指令的有效实施。

5．经验总结

从发达国家重要城市的应急管理经验可以看出，应急管理体系呈现多元化、立体化、网络化的发展趋势。这是因为很多公共危机不是某一个部门或者机构可以单独应对的，需要多个部门和机构联合与协调。通过对比以纽约、伦敦、东京和新加坡为代表的发达国家超大城市应急管理体系，发现它们的防控体系、管理机制各具特色，也呈现出一些共性，在城市的安全管理模式选择上，给了我们一定启示。

（1）以科学的理论和理念指导，实施全过程的综合安全风险管理

纽约明确以生命周期理论为指导，注重业务持续性发展；东京结合自身经验，提出了循环型应急管理方式。突出重视社会力量，综合安全管理体系中包含了大量政府与社会合作的内容。全过程的综合安全风险管理形成安全风险预防、应对准备、应急反应、恢复重建一整套流程，并突出预防与准备的重要性。

（2）体制上高配安全管理部门、明确权责、强化整合

国外大城市普遍经历了由部门型单灾种安全管理体制，向全政府型综合安全管理体制转变的过程，最后形成稳定的体制结构。纽约紧急事务处理办公室由一个市长直属的工作机构，升格为一个正式的职能部门。东京也设置局长级的应急管理总监坐镇新组建的综合防灾部；纽约、东京都以法律、制度或具体的工作任务表等形式，明确各部门的安全管理权力和责任，避免职能模糊和重叠，并强化跨区域合作治理。区域间联合的体制结构，为大城市应对极端灾害或安全风险提供了有效的延展互助平台。

（3）将各种机制进行实效性融合，并以项目形式常态化运作

将众多安全风险管理机制有效融合为各种具体可落实的项目，通过目标管理，有效实现机制的常态有序运作。纽约通过应急准备、应急反应和应急恢复三大项目（它们下面包含大小分支项目），将纽约的城市安全风险管理有效地进行目标细分，将各种机制恰当地有效运用到每个项目的实现过程，从而以项目实现方式推动安全管理机制的有效运行。

（4）法制上突出法律制度地位，坚持科学规范治理

在城市安全风险管理领域，法制扮演着十分重要的角色。政府部门间合作、政府与社会合作等在法律中得到有效明确和保障。美国在 1976 年制定了《国家紧急状态法》后，联邦政府和州政府等先后发布了上百部针对自然灾害以及突发公共安全事件的政策法规。东京自然灾害应对程序也有明确的相关法律框架做依据，清楚明了、操作性强的法律法规明文授权应急管理体制所涉及的组织机构，任何层次、任何级别的人士都十分清晰灾害管理过程中本组织、本部门甚至是本人的职责与权限。

（5）强化预案准备与实效，通过演练检验和提升能力

制定预案要紧贴实际，在实践中得到充分落实。美国城市在预案制定过程中有非常严谨的程序规范引导，以确保吸收各方资源、取得广泛共识，同时，预案会定期更新，做到与实践紧密联系。日本城市在预案制定过程中要进行充分的风险评估，这些城市的不同机构每年都会举办社会广泛参与的各种专项防灾演练，不断提升居民的安全意识和应对能力。

（6）鼓励社会多方力量参与，力推政府与社会合作

上述国家普遍建立了全社会型安全风险管理网络系统，城市安全管理不单纯依靠政府，而是最大化地吸收利用社会力量。东京的理念则是自救、互救、公救，鼓励并扶持市民自主防灾组织建设，引导市民进行科学准备，保障自身安全，与企业签订大量合作协议，共同防范灾害风险。新加坡有 5 万多名民防志愿者接受过基本的民防技术培训，根据所在地区编成若干小组，一旦国家发生灾难或战争，即可转为全职的民防职员和国家公务员。

（7）强化信息管理，注重科技手段运用

将信息管理视为安全管理的核心，采用各种保障措施，确保信息的有效收集和及时汇总。同时借助科技手段，对安全风险相关信息进行高效管理。如纽约建立了城市应急资源管理体系、移动数据中心、911 应急呼救和反应系统；东京建立了受害信息收集系统；伦敦大街小巷遍布摄像头，整个城区摄像头总数超过 50 万个，大大提升了对整个城市的安全监控效率。此外，很多城市还建立了基于地理信息系统的安全风险管理体系，有效增强城市风险监测、预警及应急管理的精准性。

（二）国内城市安全发展探索

2008 年，山西省长治市在全国率先提出创建本质安全型城市试点，委托原国家安全生产监督管理总局研究中心研究制订了《长治市创建本质安全型城市规划和评价标准体系》。2009 年，重庆市提出建设安全保障型城市，委托中国安全生产科学研究院进行专题研究，并制定了城市安全发展规划。

《国务院关于坚持科学发展安全发展促进安全生产形势持续稳定好转的意见》(国发〔2011〕40 号）明确提出“创建若干安全发展示范城市”。原国家安全生产监督管理总局对此项工作非常重视，将创建安全发展示范城市列为 2012 年度重点工作，并在珠海市召开了座谈会，研究探讨如何组织、开展安全发展示范试点城市创建工作。在此基础上，原国家安全生产监督管理总局正式启动了安全发展示范城市的试点工作，分别在 2013 年和 2014 年下发了《国务院安委会办公室关于开展安全发展示范城市创建工作的指导意见》（安委办〔2013〕4 号）和《国务院安委会办公室关于进一步加强创建全国安全发展示范城市试点工作的通知》(安委办函〔2014〕56 号)，以北京朝阳区、顺义区、福建厦门市、吉林长春市等 13 个城市为试点单位，积极开展国家安全发展示范城市创建，通过科学编制规划，创新工作方法和载体，加大资金投入，扎实有序推进创建工作，进行了有益探索。

1．山西省长治市

在安全发展城市理论探索初期，山西省长治市率先提出“本质安全型城市”的概念，并进行了有益的尝试。长治创建本质安全型城市的主要内容可以概括为“266”，即“两大目标、六个行动、六个制度”。

（1）两大目标

即生产安全、身体健康。创建的总体目标是，从 2009 年到 2013 年，用 5 年时间实现长治市安全生产形势根本好转，总体上达到或接近中等发达国家水平。

（2）六个行动

围绕本质安全型城市生产系统中的人、机、环、管等要素和源头、过程、事后控制各个环节，开展高危行业结构优化升级行动、技术装备现代化行动、全民安全素质教育行动、安全生产管理创新行动、职业卫生专项整治行动、应急救援能力建设行动。

（3）六个制度

围绕解决制约安全生产的一些深层次问题，建立和完善安全生产的体制机制，包括：改革和完善安全生产领导体制，改革和完善安全生产监管体制，改革和完善安全生产投入体制，建立和完善安全生产准入和联审制度，建立和完善安全生产行政监管工作制度，建立和完善安全生产激励约束制度。

（4）创建成效

创建方案实施后，生产安全事故起数和死亡人数明显下降。2009 年共发生事故 482 起、死亡 242 人，同比分别下降 24.6% 和 31.5%。相对指标明显下降。全市煤矿百万吨死亡率为 0.19，下降 33.6%，其中，地方煤矿百万吨死亡率为 0.3，下降 41.2%；亿元 GDP 死亡率 0.28，下降 45.1%；工矿商贸企业十万从业人员生产安全事故死亡率 9.13，下降 30%；道路交通万车死亡率 7.59，下降 12.1%。全年未发生一次死亡 6 人以上事故。在省政府 2009 年安全生产目标责任制考核中名列第一，被省政府命名为全省唯一的安全生产模范标兵市。

2．重庆市

2009 年，重庆市在全国率先建设安全保障型城市。主要做法包括六个方面：

（1）坚持科学发展、安全发展

重庆市委市政府充分认识到，科学发展的核心是以人为本，安全发展的目的是在保护人民群众生命财产安全的前提下，实现经济社会持续快速健康发展。各级政府坚持把安全发展摆到战略位置，纳入经济社会发展的顶层设计，同步规划，同步部署，同步推进，统领城市的经济社会发展。

（2）坚持党政齐抓、协同配合

党委领导，党政齐抓共管，是重庆在建设安全保障型城市进程中获得的宝贵经验。党委重视，就是全面重视；书记动手，就是全局支持。安全生产涉及经济社会发展的方方面面，单靠一个部门，难以有效推动全局，必须党委政府高度重视，党政齐抓，把人、财、物向安全生产倾斜，政策措施向安全生产倾注，明确责任、落实任务、严格考核，实现科学发展、安全发展的目标。

（3）坚持明确职责，严格考核

重庆市委市政府针对安全责任的普遍性和社会性、重要性和强制性、可量化性和可追究性，把安全责任量化分解到党委政府、工青妇、社团组织、企业及社会各个方面，形成严密的安全责任体系。

（4）坚持依法治安、从严治安

重庆市在建设安全保障型城市的创新性实践中，用好法治武器，充分发挥法治武器，紧扣创建工作需要，及时研制并颁发了一整套安全生产法规措施，为安全发展开路，为安全生产护航。这些法规措施在全国具有首创性和示范性。重庆市在建设安全保障型城市进程中，高扬依法治安旗帜，有法必依、执法必严、违法必究，严惩非法违法生产经营建设行为，严肃追究事故相关责任人的责任，严厉查处违法违纪和失职渎职行为，真正把安全生产纳入法律化、制度化、规范化轨道，建立起良好的安全生产法治秩序。

（5）坚持夯实双基、转变创新

重庆市打破常规，把最优秀的人才、最优良的资源投向安全生产，为基层建立机构，配备编制，给予待遇；同时，为基层建立完善体制机制，为基层舒筋活血，强身健体。安全监管触角伸到每个角落，生产经营厂点纳入网格之内，非法违法遁形，隐患排查治理、标准化建设，着着见力、步步扎实，基层基础建设成效日益显现。

（6）坚持超前投入、科技引领

重庆市突破思维定式，大胆创新突破，跳出安全抓安全，用市场手段抓安全，用银行的钱办安全的事，用明天的钱办今天的事，构建安全生产投融资体系。大力发展安全产业，用安全发展理念引领、用先进科技改造、用现代经营方式推进，促进产业结构升级，从源头消除事故隐患。

（7）创建成效

2011年，各类事故死亡人数同比下降8.1%，较大事故起数同比下降17.2%。亿元GDP事故死亡率、工矿商贸10万人死亡率、道路万车死亡率、煤炭百万吨死亡率分别比2008年下降53.9%、38.4%、58.8%和56%。

3．北京市朝阳区

北京市委市政府将安全发展示范城市创建，作为推动和谐宜居之都建设的重要抓手，以点带面，推动全市安全生产工作深入开展。朝阳区认真落实国务院安委办和市委市政府关于安全发展示范城市创建工作要求，从9个方面扎实推进创建工作开展，取得明显成效。

（1）牢固树立安全发展理念

将安全生产纳入区委组织部“千分制”考核和区监察局“双百”考核重要内容，把安全生产“一岗双责”履行情况作为党委、政府评选先进单位和个人以及干部考核评价的重要内容，实行安全生产和重大生产安全事故“一票否决”。

（2）优化调整产业发展结构

加快清理疏解非首都核心功能，对于高污染高耗能工业、区域性专业市场、物流仓储、再生资源回收场站、呼叫中心、数据处理中心以及一般住宿餐饮等服务业的低端环节，积极稳妥有序地向外疏解或就地清退淘汰。

（3）全面加强企业主体责任

市政府出台了《关于推进隐患排查治理体系建设的意见》，规定并督促企业在排查发现、整改治理、监控防范、验收审核、惩处问责各个环节全面落实主体责任。朝阳区督促企业各级管理人员安全生产责任逐级、逐岗签订安全责任书率达100%，在企业推行重大责任事项“一票否决”制度，积极开展企业安全生产标准化达标创建。推进安全生产诚信体系建设，在政府采购汽修厂中广泛执行，将消防安全不良行为公布制度纳入社会信用管理体系。

（4）稳步推进行业安全发展

以城乡接合部地区安全生产专项整治为重点，突出抓好危险化学品、建筑施工、人员密集场所、交通运输、特种设备、消防、地下空间、职业危害等重点行业领域监管执法，进一步改善了安全生产条件。

（5）全面提升安全监管能力

市政府专门印发《关于建立乡镇街道（园区）专职安全员队伍的意见》，为全市乡镇街道配备专职安全员。朝阳区本着依法确定、分层设定的原则，梳理各部门的安全生产监管（管理）职责，确定安全监管事项，投入专项资金，面向社会公开街乡（园区）安全生产专职安全员，建立街乡专职消防队、单位义务消防队、社区（村）志愿消防队及网格内最小防灭火作战单元。

（6）全面加强安全保障能力

建立了与城市安全发展建设相匹配的城市安全生产公共设施管理资金投入机制，每年解决若干制约区域安全发展水平的突出问题。为确保安全发展示范城市创建工作的有序推进，投入专项资金用于示范城市创建日常工作的开展。

（7）扎实开展安全社区创建

市安全监管局研究制定《北京市安全社区建设三年行动计划（2015—2017）》。朝阳区紧抓全市创建安全社区试点区的机遇，在全区范围内推进安全社区建设。

（8）全面提升安全风险防范

完善全区综合应急救援支队、街乡综合应急救援队、社区（村）综合防灾减灾与应急队伍及民兵预备役重点应急队伍建设和应急志愿者组织管理工作，形成了统一领导、协调有序、专兼并存、优势互补、保障有力的应急救援队伍体系。

4．浙江省杭州市

浙江省杭州市采取多项措施，有效推进全国安全发展示范试点城市创建工作，促进了安全生产形势持续稳定好转。

（1）强化组织领导和工作责任保障

围绕安全发展示范城市创建试点工作，省安委办成立了示范城市试点工作领导小组，省安委会办公室主任、安监局局长担任领导小组组长，总工程师任副组长，各处室主要负责人为领导小组成员，协调推动创建工作。杭州市召开安全发展示范试点城市推进暨安全标准化示范试点现场交流会，总结近年来杭州市安全生产工作经验，研究解决“党政同责”“一岗双责”“智慧安监”“开发区安全管理”等安全生产工作热点、难点问题等，进一步修改完善《杭州市创建国家安全发展示范城市工作规划》。

（2）加强创建工作的过程管控

将安全发展示范城市任务纳入各区、县（市）和市级部门2014年安全生产目标责任制考核，细化创建工作考核标准，优化事故指标设置，强化落实情况过程管理。通过每月通报、每季履职、半年督查和不定期暗访暗查等形式，督促各级、各部门落实各项创建工作。将创建工作重点特别是事故控制指标纳入对各级各有关部门综合考评、平安创建、领导干部考核评价体系中，较大事故一票否决，安全生产还占平安考核20%，综合考评5%，以及区县（市）领导干部年度实绩考核23个指标之一，不断加大安全生产考核权重，积极构建“政府主导、部门协同、社会参与”的创建工作格局。

（3）大力推进重点行业领域安全专项整治

针对事故多发、高发的重点行业领域、重点区域、重点单位实际情况，省安委会办公室积极指导、协调各地、省级有关部门，开展有针对性的事故防范创新工作，有效遏制较大事故多发态势。杭州市大力开展工程运输、电梯安全、建筑工地事故防范创新体系建设工作，充分整合政府、社会中介、企业各层级管理资源，努力提升安全生产综合监管和事故防控能力。特别是大力实施“智慧杭州”“智慧安监”等项目，针对工程运输、电梯安全、建筑施工等行业亟待解决的安全生产关键问题，大力推广工程运输 GPS 监控系统、超载超速监控系统、盲区可视监控系统、IC 卡管理系统，物联网电梯安全运行监控系统等先进适用安全科技，实现动态安全监控、事故预警、信息互通和资源共享。

（4）鼓励各区、县（市）积极开展安全生产创新创优，解决安全生产重点难点问题

强化重点行业领域和地区风险管控，融合推进安全生产标准化与诚信机制建设，组织开展规上企业诚信等级评定。加大安全生产宣传教育力度，全面推广基层安全监管网格化，试点建立乡镇（街道）公共安全监管中心、村（社区）公共安全网络监管队伍及公共安全应急救援队，着力强化各类开发区（园区）安全监管。

5. 福建省厦门市

福建省厦门市被国务院安委会办公室确定为首批全国安全发展示范城市创建试点城市以来，围绕扎实有效推动创建工作，着力强化组织领导，注重指导协调，着力凝聚创建合力、提升安全发展保障能力上下功夫，促进了安全生产工作成效整体提升。

（1）强化领导，跟进指导

省政府领导同志就国务院安委会办公室《关于开展安全发展示范城市创建工作的指导意见》（简称“指导意见”）做出指示，要求省安监局加强指导，厦门市政府做好创建安全发展示范城市的有关工作。省政府安委会把“指导意见”及时转发给厦门市政府组织实施。省安监局确立“局长总负责、一名厅级领导具体分管、监管四处为主负责、其余处室协助配合”的工作格局，加强厦门等试点城市开展创建工作的协调指导；省政府安委会办公室主任亲自推动，将安全发展示范城市创建工作融入“美丽厦门”建设；省政府安办多次组织人员会同福建省安科院专家深入厦门市，指导政府安办发挥主导作用，强化协调互动、谋划运筹、宣传造势、工作评估，扎实开展安全社区、安全园区、安全文化示范企业创建活动，不断丰富创建内容。

（2）凝聚合力，制定方案

厦门市成立了市政府主要领导任组长、各位副市长任副组长、各相关部门主要领导任成员的创建工作领导小组，制定实施方案，并认真组织实施。围绕《美丽厦门战略规划》，确定形成“一个布局”、健全“八大体系”、强化“三个能力”的创建目标。

（3）宣传培训，凝聚共识

制定了《厦门市创建国家安全发展示范城市宣传教育工作方案》，在《厦门日报》、XM6移动电视、安监局门户网站等媒体开辟专栏，通过报纸、广播、电视、网络等媒体，营造全民共同创建、全民监督促进、全民参与评价、全民共享成果的全民参与机制，凝聚共创的强大合力。

（4）强化防范，夯实基础，大力提升安全保障能力

一是优化产业布局，促进产业升级。形成18个工业园区，并启动“机器换人”计划，鼓励企业对安全生产矛盾特殊环节实施“机器换人”，提高生产过程的自动化、智能化、数字化水平。二是扎实推进安全生产标准化建设。三是认真推进“三项建设”。在乡镇（街道）、工业园区和企业，分别开展安全社区、安全园区和安全文化示范企业创建活动。四是开展安全隐患排查治理。借鉴其他省份试点创建模式，设计企业安全隐患自查自报季度报表，由各行业主管部门制定本行业隐患自查标准，督促、指导所辖企业开展安全隐患排查治理自查自纠活动。五是建设事故应急救援基地，打造“数字安监”。

6．黑龙江大庆市

大庆市委、市政府高度重视安全发展示范试点城市创建工作，积极响应和认真落实国务院安委会办公室相关工作指示精神，紧紧围绕《国务院安委会办公室关于开展安全发展示范城市创建工作的指导意见》中的9项重点工作任务，加强领导、统筹规划，结合实际，突出重点、系统推进，狠抓安全发展城市创建各项工作的落实。

（1）强化组织领导，完成整章建制

建立组织保障体系。市委、市政府成立了以市委副书记、市长为组长，各县（区）政府、市政府相关部门、中省直企业为成员的创建工作领导小组，办公室设在市安监局，承担日常工作。办公室主任由市政府安委会副主任、分管安全工作副市长担任，副主任由市政府安委办主任、安监局长担任，负责统筹协调，全面推进。制定了《大庆市安全发展示范试点城市建设规划》（庆政发〔2013〕12号）和《大庆市创建国家安全发展示范试点城市实施方案》（庆政发〔2013〕13号），提出了总体工作目标，明确了重点工作。三是将安全发展示范试点城市创建工作作为政府“一号工程”来抓，将安全发展示范试点城市创建工作贯穿城市发展规划、城市基础建设、城市运行管理、城市公共服务全过程。

（2）完善监管机制，建立责任体系

制定了《进一步完善安全生产责任制的若干规定》，建立了党政属地、部门监管、行业管理、综合监管、企业主体、员工岗位“六位一体”的责任体系。实行“三维分工”“三级联系”和“三定三包”工作机制，领导干部在承担分管工作的同时担负起安全职责，一级抓一级，层层抓落实。

（3）深化专项整治，消除事故隐患

采取政府抓督查、部门抓监管、行业抓管理、企业抓整改的办法，借助专家排查隐患、引导媒体监督、鼓励群众举报，持续深入开展安全生产隐患排查和专项治理。对存在的隐患和问题全部建立台账，实行档案管理，严格落实整改责任、措施、资金、期限和预案，采取备案督办、挂牌督办、限时督办等强制性手段，做到立查立改。

（4）加强源头管控，规范企业行为

推进企业安全生产标准化创建，在非煤矿山、危险化学品、烟花爆竹、工矿商贸等领域全面推行安全标准化。对重大危险源进行了重新普查和辨识，全市62个危险化学品重大危险源，全部做到了动态监管、有效监管，危险化学品领域未发生较大生产安全事故，保持持续稳定。加强工业园区安全监管。根据园区企业相对集中的特点，增加了对园区企业检查的频次并增派专家对企业安全生产工作进行研判和评估，指导企业开展隐患整改。

（5）建设应急队伍，提升处置能力

围绕强化基础建设，投入专项资金建立安全生产监管信息系统，创建了办公自动化、重大危险源监控、应急平台和隐患排查治理“四位一体”功能的安全生产监管信息系统；通过自查自报系统，及时掌握危险源动态，应急处置能力得到全面提升；注重充分发挥危险化学品、油气田两个救援基地和各级各类救援队伍作用。

（6）加强宣传教育，营造浓厚氛围

制定了《大庆市安全生产宣传教育工作方案》，充分利用全国“安全生产月”、“11·9”防火宣传日、“12·2”交通安全日等契机，依托广播电视、报纸杂志、网络通信等媒体，开辟安全专栏，增设报刊专版，建立网络平台，发送警示短信，设置安全画廊，在全市范围内广泛开展安全生产宣传教育活动。

7. 吉林省长春市

吉林省长春市被确定为创建全国安全发展示范城市试点单位之后，省市安委会专题进行研究部署，强化组织领导，明确目标责任，通过强化隐患排查，广泛宣传发动，夯实基础建设，创城工作稳步推进。

（1）加强组织领导和顶层设计，统筹推进创建工作

成立由市长任组长、安委会成员单位为成员的创建工作领导小组，充分发挥政府安委会及其办公室的指导协调作用。出台了《中共长春市委、长春市人民政府关于实施安全发展战略的意见》，提出了长春市创建工作的总体要求、奋斗目标、主要任务、实施步骤、保障措施，重点明确了“党政同责、一岗双责、齐抓共管”的责任体系，进一步强化各级党委、政府对安全生产工作的领导，强化企业主体、属地监管、行业管理、专业监管和综合监管“五项责任”。

（2）建章立制、规范运行，大力推进创建工作长效机制建设

印发“一个意见”，即《关于进一步强化生产经营单位安全生产主体责任，推动安全发展的意见》；出台“两项规定”，即《长春市落实安全生产监督管理职责暂行规定》《长春市安全生产事故报告和调查处理暂行规定》；建立了“三个机制”，即考核机制、资金投入机制和奖励机制；制定了“四个办法”，即长春市《企业隐患排查治理自查自报办法》《安全生产分类分级管理办法》《长春市安全生产专家委员会管理办法》《长春市企业安全生产黑名单制度实施办法》。

（3）强化措施，广泛宣传，营造创城社会氛围

以全国“安全生产月”活动为载体，与市委宣传部、市总工会等7部门联合印发全市安全生产月宣传方案，大力开展安全文化进机关、进企业、进学校、进社区、进乡村“五进”活动，通过“安全生产咨询日”、安全生产青年示范岗、评选最美安全宣传员、安全文化征文等群众喜闻乐见的形式，使科学发展、安全发展理念更加深入人心。发挥新闻媒体宣传导向作用，通过《长春日报》专栏、长春电视台市民频道、96.8交通之声早晚黄金时段、《走进直播间》、手机短信温馨提醒、出租车LED顶灯滚动字幕等新闻媒体及现代宣传工具，全方位、全天候宣传安全生产“五大”活动进展情况。召开新闻发布会、组织宣讲团、开展警示教育培训，面向基层企业单位广泛宣传讲解安全生产法律法规及相关文件精神。

（4）创新方式，保障投入，大力推进安全保障能力建设

重点推进了网格化管理、标准化建设、信息化控制、社会化监督“四化融合”和属地监管、行业监管、综合监管“三位一体”的安全监管防控体系建设。通过搭建一个涵盖OA业务系统、举报投诉、隐患排查治理、应急指挥调度等多功能的安全生产综合监管信息平台，对各项工作进行整合、规范和完善。

8．试点成效

2014 年，北京市朝阳区、顺义区、福建省厦门市、吉林省长春市等 13 个安全发展试点城市的亿元 GDP 死亡率等于或低于全国均值，76.9%（10 个）城市工矿商贸事故十万人死亡率低于全国均值，69.2%（9 个）城市道路交通万车死亡率低于全国均值，61.5%（8 个）城市火灾十万人口死亡率低于全国均值。

（1）监管监察机构建设情况

84.6%（11 个）城市的百家规模以上工业企业拥有的监管监察人员数量高于全国均值；76.9%（10 个）城市的万家法人单位和个体工商户拥有的监管监察人员数量高于全国均值。多数城市监管监察力量建设走在全国前列。

（2）组织领导及工程实施情况

13 个试点城市均针对安全发展示范城市创建编制形成了专项创建规划或实施方案，并成立了由行政一把手牵头的创建领导机构，设立了具体办事机构，加强创建工作的组织协调。每年实施的工程项目合计有 500 余项，并持续滚动推进。

（3）公共安全设施建设情况

11 个城市的道路物理隔离设施设置合格率达 95% 以上；10 个城市中小学校门前减速带、减速标志、交通信号装置设置率达到 90% 以上；7 个城市消防站建设占规划数的比例超过 50%。广泛深入开展平安渔港、平安农机区县、平安渔业示范县、安全社区等的建设。

五、新时代城市安全发展系统模型与框架

（一）系统模型构建

城市安全发展是一个复杂的巨系统，解决其脆弱性、安全性问题，需用系统性、结构性的方法，而不能“头疼医头、脚痛医脚”。我们深入贯彻习近平关于安全发展的重要论述，基于系统工程理论、城市生命周期理论、现代社会治理理论（多主体）、安全风险管理理论、事故预防“3E”理论，研究构建了城市安全发展六维系统模型（如图 5-1 城市安全发展六维系统模型所示）。

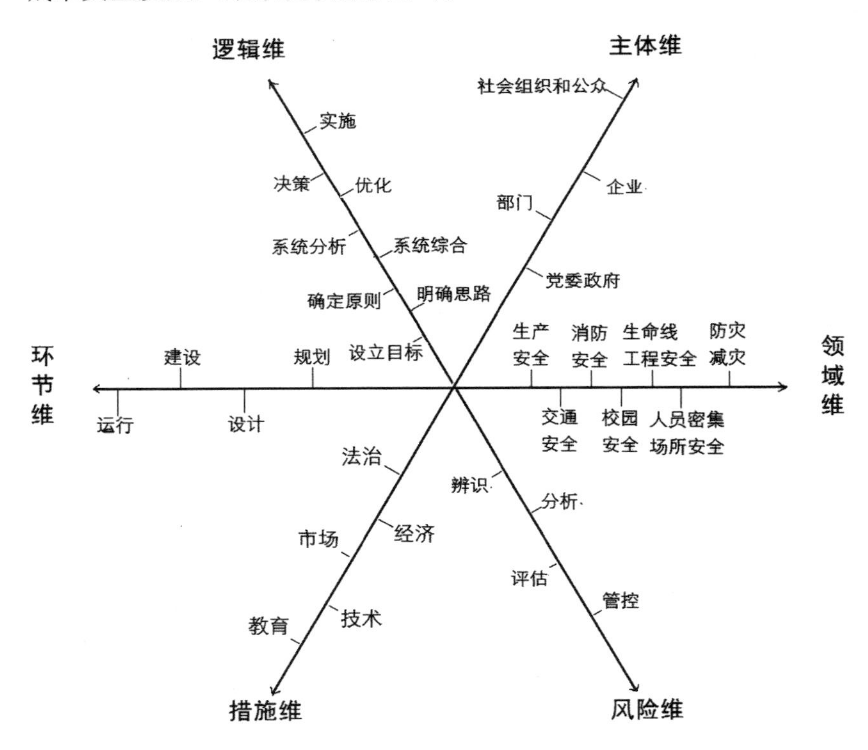

图 5-1 城市安全发展六维系统模型

1. 逻辑维

城市安全作为一个系统工程，需通过设立目标、明确思路、确定原则、系统综合、系统分析、优化、决策、实施等逻辑步骤，不断推动城市安全发展。

2. 环节维

在城市发展中，城市系统及其子系统一般都要历经规划、设计、建设、运行等环节，并不断迭代更新，必须把安全发展理念和安全管控措施贯穿于这些环节中。

3. 领域维

城市安全系统涉及诸多领域，可划分为生产安全、交通安全、消防安全、校园安全、生命线工程安全、人员密集场所安全、防灾减灾等子系统，只有保障每个子系统的安全，才能保障整个城市安全。

4. 风险维

解决城市安全问题，归根到底是有效化解城市安全风险，要树立风险管理思想，对各行业领域的风险进行辨识、分析、评估、管控，对隐患进行排查治理消除。

5. 主体维

城市安全治理需要多主体参与，包括城市各级党委政府、有关部门、企业、社会组织和公众等。城市安全每个子系统由相应的部门作为牵头主体，调动各方力量有序参与治理。

6. 措施维

对城市发展各环节各行业领域存在的安全问题和风险，必须发挥各主体力量，综合运用法治、经济、市场、技术、教育等各种手段进行化解。

运用六维系统模型解决城市安全发展问题，就是在明确思路、建立目标、确定原则、系统综合、系统分析、不断优化决策的基础上，充分发挥各治理主体作用，采取针对性措施，有效化解城市发展各环节、各行业领域的风险。我们以六维系统模型中的“逻辑维”为主线，综合考虑“环节”“主体”“领域”“风险”“措施”五个维度，借鉴国内外城市安全发展模式和经验，研究提出推进城市安全发展的总体框架，包括 1 个总体思路，5 项基本原则，2 个阶段目标，4 个方面 15 类 63 项举措（如图 5-2　城市安全发展总体框架所示）。

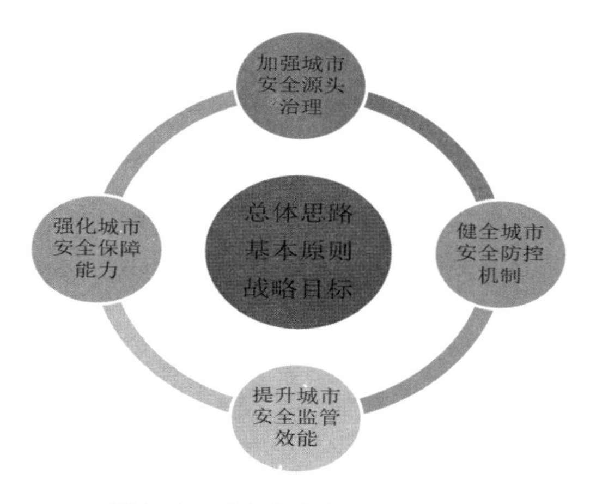

图 5-2　城市安全发展总体框架

总体思路确定城市安全发展的方向和路径，是推进城市安全发展的指导思想；五项原则明确城市安全发展的总体方向，是做好城市安全工作的基本遵循；两个阶段战略目标提出推进城市安全发展的时间表，是实施城市安全发展战略的计划进度；战略举措包括加强城市安全源头治理、健全城市安全防控机制、提升城市安全监管效能、强化城市安全保障能力四个方面。其中，加强安全源头治理是推动城市安全关口前移、源头防范的科学方法，是有效预防各类事故发生的重要手段；健全安全防控机制是防控城市安全风险和事故隐患的制度措施，是推动城市安全发展的重要工具；提升安全监管效能是推动城市安全发展的组织基础，是落实城市发展发展战略措施的主要方式；强化城市安全保障能力是城市安全发展的有力支撑，是做好城市安全工作的根基。

（二）总体思路

以习近平新时代中国特色社会主义思想为指导，紧紧围绕统筹推进“五位一体”总体布局和协调推进“四个全面”战略布局，牢固树立安全发展理念，弘扬生命至上、安全第一的思想，强化安全红线意识，推进安全生产和防灾减灾救灾领域改革发展，切实把安全发展作为城市现代文明的重要标志，落实完善城市运行管理及相关方面的安全责任制，健全公共安全体系，打造共建共治共享的城市安全社会治理格局，建立综合性、全方位、系统化的城市安全发展体系。正确处理人和自然的关系，坚持以防为主、防抗救相结合，坚持常态减灾和非常态救灾相统一，努力实现从注重灾后救助向注重灾前预防转变，从应对单一灾种向综合减灾转变，从减少灾害损失向减轻灾害风险转变，落实责任、完善体系、整合资源、统筹力量，切实提高防灾减灾救灾工作法治化、规范化、现代化水平，全面提升城市安全保障能力，有效防范和坚决遏制重特大安全事故灾难发生，为人民群众营造安居乐业、幸福安康的生产生活环境。

各地区、各有关部门和单位应自觉将城市安全发展摆放在更高的位置。一是要在理念上融入，要充分认识城市安全的极端重要性、紧迫性、严峻性、长期性和艰巨性，切实增强忧患意识、风险意识、责任意识，增强贯彻落实安全发展的自觉性和主动性，将安全发展理念融入城市发展的方方面面。二是要在制度上固化，紧密结合城市安全实际，健全完善本地区安全生产和防灾减灾救灾法规标准体系，使城市安全工作有法可依、有章可循。三是要在行动上落实，就是要将安全工作落实到城市工作和城市发展各个环节、各个领域，把城市安全发展与经济社会发展各项工作同规划、同部署、同推进，落实完善城市运行管理及相关方面的安全责任制，打造共建共治共享的城市安全社会治理格局。

（三）基本原则

1．坚持生命至上、安全第一

人的生命是最宝贵的，如果安全工作搞不好，人民群众生命健康得不到保障，何谈让人民群众生活得更好，何谈全面建成小康社会。只有安全感得到保障，人民群众才能更好地享受改革发展成果，获得感和幸福感才会更加充实、更有保障、更可持续。为此，要牢固树立以人民为中心的发展思想，始终坚守发展决不能以牺牲安全为代价这条不可逾越的红线，严格落实地方各级党委政府的领导责任、部门监管责任、企业主体责任，加强社会监督，强化城市安全防范措施落实，切实减少人员伤亡和财产损失，为人民群众提供踏实、放心的生产生活环境。

2．坚持预防为主、防控风险

党的十八届五中全会提出，建立风险识别的预警机制，以可控方式和节奏释放风险，重点提高安全生产等方面的风险防控能力。党的十九大报告指出，增强驾驭风险本领，健全各方面风险防控机制，善于处理各种复杂矛盾，勇于战胜前进道路上的各种艰难险阻，牢牢把握工作主动权。城市各类安全风险和隐患相互交织、耦合叠加，一旦发生事故，极易产生“多米诺”效应。要完善风险防控机制，建立健全风险研判机制、决策风险评估机制、风险防控协同机制、风险防控责任机制，主动加强协调配合，坚持一级抓一级、层层抓落实。

3．坚持立足长效、依法治理

全面依法治国是中国特色社会主义的本质要求和重要保障，依法行政是党治国理政的基本方式，是实现我国城市安全治理体系和治理能力现代化的必由之路。各级地方政府在推进城市安全发展过程中，要依据本地区实际情况，加强法规标准体系建设，从法律法规上堵塞漏洞、源头治理；加强监管执法体系建设，增强安监队伍法治素养和执法能力，依法严厉打击违法行为，使监管执法真正严起来、硬起来、实起来；加强执法监督体系建设，规范执法行为，统一执法标准，实行执法信息公开，做到严格、规范、公正、文明执法；加强执法保障体系建设，建立监管执法保障机制，提高安全监管监察执法队伍规范化、专业化水平。只有将城市安全管理纳入制度化、法制化、标准化轨道，才能全面提升城市安全法治化水平，真正建立城市安全治理长效机制。

4．坚持系统建设、过程管控

城市安全是一项复杂的系统工程，要坚持系统思维，从构成城市诸多要素、结构、功能等方面入手，综合考虑城市功能定位、文化特色、建设管理等多种因素，对事关城市发展的重大问题进行深入研究和周密部署，系统推进各方面工作。要统筹规划、设计、建设、管理等各个环节，把安全放在第一位，把住安全关、质量关，把安全工作落实到城市工作和城市发展各个环节、各个领域，严格落实安全防范制度。要突出安全风险管理，充分运用科技和信息化手段，加快推进安全风险管控、隐患排查治理体系和机制建设，加强重大危险源的风险管控，及时排查和治理事故隐患，严防风险演变、隐患升级导致安全事故发生。坚持防灾抗灾救灾过程有机统一，加强自然灾害监测预报预警、风险评估、工程防御、宣传教育等预防工作，推进各领域、全过程的灾害管理工作，增强全社会抵御和应对灾害能力。

5．坚持统筹推动、综合施策

城市安全涉及方方面面，需要充分调动各方面的积极性，完善党委领导、政府负责、社会协同、公众参与、法治保障的综合治理体系，优化配置城市管理资源，综合运用人防、技防、物防措施强化城市安全治理。采取行政、经济、法律、市场等手段，增强城市安全治理能力。组织动员社会力量广泛参与，加强政府与社会力量、市场机制的协同配合，形成工作合力。切实将城市安全发展建立在人民群众安全意识不断增强、从业人员安全技能素质显著提高、生产经营单位和区域安全保障水平持续改进的基础上，切实提高城市安全治理的社会化、智能化、专业化水平。

（四）战略目标

党的十九大报告将2020年到21世纪中叶划分为两个发展阶段（2020—2035年，2035—2050年），并指出：从全面建成小康社会到基本实现现代化，再到全面建成社会主义现代化强国，是新时代中国特色社会主义发展的战略安排。我们紧密结合全面建成小康社会到基本实现现代化的奋斗目标，提出了推进城市安全发展的两个战略目标，明确了推进城市安全发展的主要方向和时间表路线图。

1．第一阶段目标

到2020年，安全发展城市建设取得明显进展，建成一批与全面建成小康社会目标相适应的安全发展示范城市。系统总结不同城市的安全发展经验，形成完善的城市安全发展思路、方法和举措，将城市安全工作全面铺开，并逐步向纵深推进。

2．第二阶段目标

到2035年，在深入推进示范创建的基础上，城市安全发展体系健全完善，安全文明程度显著提升，建成与基本实现社会主义现代化相适应的安全发展城市。持续推进形成系统性、现代化的城市安全保障体系，加快建成以中心城区为基础，带动周边、辐射县乡、惠及民生的安全发展型城市。

六、城市安全发展对策措施

（一）加强城市安全源头治理

“问渠哪得清如许，为有源头活水来。”只有从源头上、根子上强化预防措施，才能做到防患于未然，才能牢牢把握城市安全工作的主动权。推进城市安全治理首先应从科学制定城市规划、完善安全法规和标准、加强基础设施安全管理、加快重点产业安全改造升级等方面加强城市安全源头治理，从而完善城市治理体系，让人民群众生活得更安全、更健康、更幸福。

1. 科学制定城市规划

（1）严密细致地制定各类规划

城市规划是政府实现社会经济发展目标、协调城乡空间布局和部署各项建设的重要手段，兼具公共政策属性和空间属性。各级政府应当坚持安全发展理念，突出安全在制定和实施城市规划中的重要地位，将安全作为前置条件和首要考虑因素，严密细致地制定城市经济和社会发展规划、城市综合防灾减灾规划及安全生产规划等专项规划，增强规划的前瞻性、严肃性和连续性，为建设安全发展城市提供坚实的基础。

（2）坚持各类功能区的空间布局以安全为前提

良好的城市空间布局不但能有效防止事故影响扩大，也有利于迅速疏散受灾人口和财产，减缓灾害传播速度和控制灾害传播范围，提高救灾速度，保证城市在遭遇灾害时能维持基本运转，有助于事故应急防灾减灾工作的开展。首先，各类建筑物之间应有符合国家相关标准规定的防火间距和消防车道，与外界连通畅达。在居民生活区，可布置市政管理机构或非易燃易爆和无毒、无污染、噪声小、占地少、运输量不大的生产企业，但最好安排在居住区边缘的独立地段上。其次，商业区应遵循商业网点布局的内在规律，合理设置城市商业中心区、商业副中心和社区商业中心三级商业区，对于单体规模大、客流量大的商场、购物中心，要合理设置防火分隔、疏散通道、安全出口和火灾自动报警系统、灭火设施、排防烟等设施；安全出口必须满足紧急疏散的需要，并应直接通到地面安全地点。第三，对于高危、易燃易爆、有污染的企业聚集的工业园区，应综合考虑风向、地形、周边环境、消防等因素，设置在城市规划建成区边缘，不得设置在城市常年主导风向的上风向、城市水系的上游或其他危及城市公共安全的地区，并与相邻的各类用地、设施和人员密集的公共建筑及其他场所保持规定的防火安全距离。易燃易爆危险化学物品的运输线路及高压输气管道走廊，不得穿越城市中心区、公共建筑密集区或其他人口密集区。港区、仓储区的规划布局应根据货物类型、危险性质以及城市性质、规模、工业、对外交通、生活居住等要求综合考虑确定。

（3）加强建设项目实施前的评估论证工作

大型项目建设前要依法进行地震安全性评价、地质灾害危险性评估、安全评价、消防设计审查等程序。政府相关主管部门要加强建设项目实施前的评估论证工作，将安全生产和减灾防灾的基本要求和保障措施落实到城市发展的各个领域、各个环节，发现问题要依法依规及时处理。

2．完善安全法规和标准

（1）加强体现城市安全区域特点的地方性法规建设

我国幅员辽阔，各地区经济社会发展差异较大，国家层面立法一般只设定具有全国统一规范可行性的事项。地方立法作为国家立法的重要补充，对推进国家治理体系和治理能力现代化，完善中国特色社会主义法律体系有着积极意义。各地区应充分利用法律赋予的立法权，从加强体现安全区域特点的地方性法规建设、健全完善城市高层建筑等技术标准方面完善城市安全法规和标准，并推进区域安全法规标准的协调统一。

（2）健全完善城市高层建筑等技术标准

随着新技术的发展，技术标准也需要不断完善。对待高层建筑、大型综合体、综合交通枢纽、隧道桥梁、管线管廊、道路交通、轨道交通、燃气工程、排水防涝、垃圾填埋场、渣土受纳场、电力设施及电梯、大型游乐设施等技术标准不能只满足质量或施工标准，更应满足安全和应急的要求，同时要根据实际情况不断完善和更新。因此，要完善安全生产和防灾减灾救灾工程建设标准体系，对于高层建筑、大型综合体等与城市居民生产、生活密切相关的项目和设施，要提高安全和应急设施的标准要求，加快制定应急避难场所建设、管理、维护等相关技术标准和规范，增强抵御事故灾难、保障安全运行的能力。

3．加强基础设施建设及安全管理

（1）加强工程防灾减灾能力建设

实施公共基础设施安全加固工程，重点提升学校、医院等人员密集场所安全水平，幼儿园、中小学校舍达到重点设防类抗震设防标准，提高重大建设工程、生命线工程的抗灾能力和设防水平。开展交通设施灾害防治工程，提升重大交通基础设施抗灾能力。推动城市既有住房抗震加固，提升城市住房抗震设防水平和抗灾能力。加强城市防汛抗旱、防震减灾、防风抗潮、防寒保畜、防沙治沙等防灾减灾骨干工程建设，提高城市自然灾害工程防御能力。

（2）有序推进城市地下管网依据规划采取综合管廊模式进行建设

综合管廊是城市地下用于集中敷设电力、通信、广播电视、给水、排水、热力、燃气等市政管线的公共廊道，可以解决反复开挖路面、架空线网密集、管线事故频发等问题，有利于保障城市安全，减轻极端气候、地质灾害、工程施工等对城市管线安全运行的影响。由于综合管廊建设区投资较大，综合管廊的建设要结合道路改造、重要管线建设、棚户区改造、新区建设等同步开展，有序推进城市地下综合管廊建设，统筹各类市政管线规划、建设和管理。

（3）加强基础设施建设和运营过程中的安全监督管理

城市运行安全涉及城市运转的方方面面，包括以供给为主的水、电、气、热等“动脉”系统，以排除为主的环卫、垃圾、排水等“静脉”系统，以动态运行为主的道路交通系统等，影响城市运行的因素瞬息万变，极端性自然灾害和安全事故事件的发生都可能影响基础设施正常运营。因此，要加强城市交通、供水、排水防涝、供热、供气和污水、污泥、垃圾处理等基础设施建设、运营过程中的安全监督管理，严格落实安全防范措施。在规划、设计基础设施时留足安全余量，避免突发事故事件导致基础设施瘫痪甚至引发次生事故。依法对建设、勘察、设计、施工、监理等单位质量行为审查和抽查，对工程实体质量进行监督检查，对施工过程中发现的违法违规行为和违反工程建设强制标准的行为进行处罚。同时，加强城市基础设施运营中的跟踪、监控，及时消灭问题和隐患，保持城市运行的秩序。

（4）加强消防站点、水源等消防安全设施建设和维护

消防是城市安全的重中之重，是维护城市安全的重要措施。微型消防站是城市

中最末端的消防力量，其任务为扑救初级火灾、开展宣传教育、日常消防检查等，具有防火巡查、灭火救援、消防宣传“三队合一”的功能。要继续加强消防站点、水源等消防安全设施建设和维护，因地制宜规划建设特勤消防站、普通消防站、小型和微型消防站，缩短灭火救援响应时间。

（5）科学规范设置道路交通安全设施

加快推进城区铁路平交道口立交化改造，加快消除人员密集区域铁路平交道口，所有铁路道口都要实现立交化。加强城市交通基础设施建设，要优化城市路网和交通组织，加强城市道路保养，减少城市道路开挖。全面落实城市桥梁管养责任，建立桥梁动态监控系统，定期开展城市桥梁安全监测，及时整治安全隐患。科学规范设置道路交通安全设施，按照机动车与非机动车分离、行人与非机动车分离的原则，改造或新建城市道路断面，构建连续、系统的步行和自行车交通系统，实现步行、自行车交通系统与居住区、公交枢纽、重要文体和商业等公共设施的无缝衔接，加强行人过街设施、自行车停车设施建设。

（6）加强城市棚户区、城中村和危房改造过程中的安全监督管理

棚户区、城中村和危房是城市火灾事故、建筑坍塌事故集中发生的地区。要强化指挥人员和作业人员的安全意识；施工开始前检查电气设备和防护用具，在施工现场放置警告标志以防误伤行人，做好防护措施；施工时加强监督检查，监理人员应当采用旁站、巡视和平行检验等方式做好安全检查。

4．加快重点产业安全改造升级

（1）完善高危企业退城入园、搬迁改造和退出转产扶持奖励政策

坚持以经济转型升级为主线，加大高危企业关小上大、扶优限劣工作力度，充分利用产业政策，发挥市场机制作用，联合相关部门，深化整顿关闭。各地应进一步完善落实财税、金融、土地、职工安置、奖励等支持政策；围绕搬迁项目备案、用地、环评、规划等做好协调服务，健全完善承接园区的用电、用水、道路等基础设施，满足企业搬迁项目建设和配套需求。

（2）制定中心城区安全生产禁止和限制类产业目录

着眼源头治理，制定中心城区安全生产禁止和限制类产业目录，推动城市产业结构调整，对极易影响企业周边居民安全和健康的产业种类、生产规模和生产工艺进行禁止和限制，治理整顿安全生产条件落后的生产经营单位，对不符合国家产业政策、布局不合理、生产方式落后、没有安全保障能力的高危企业坚决予以淘汰。

（3）加快推进危险化学品生产储存企业改造、搬迁或依法关闭退出

实施城镇人口密集区危险化学品生产企业搬迁改造，首先应组织开展危险化学品生产企业和化工园区摸底评估，提出就地改造、异地迁建、关闭退出的企业名单，确保承接园区符合国家相关法律法规和标准规范要求。统筹制定本地区危险化学品生产企业搬迁改造实施方案，明确实施范围、工作目标、进度安排、组织方式、职责分工、资金筹措、承接园区、职工安置、保障措施等。要分类施策、严格督导，有序推进搬迁改造。对就地改造的，要督促指导企业制定技术改造措施，加快技术改造进程，确保达到预期效果；对关闭退出的，要督促企业尽快拆除关键设备，防止恢复生产。要鼓励搬迁改造企业运用先进适用技术改造提升传统产业，对涉及高风险的化学品、工艺和装备实施替代和改造，积极推进智能制造，鼓励建设数字车间、智能工厂和智慧化工园区，以信息化、智能化应用提高安全和环保水平。

（4）引导企业集聚发展安全产业

安全产业是以满足保障人民生命财产安全、加强和创新社会管理等安全发展重大需求为基础的产业，关系科学发展、安全发展大局，对于保障社会稳定和促进经济健康发展具有重大战略意义。城市中优势产业相对集中、基础条件较好，更有利于安全产业的发展壮大，强化城市安全的保障能力。应鼓励企业集聚、集约、关联、成链、合作发展。鼓励引导科研机构以及质检、咨询、设计、教育培训等各类中介服务机构进驻特色产业园区，搭建公共技术服务、信息、物流、融资租赁、市场等平台，建立安全科技成果孵化转化平台，加速科技交流、要素集聚、市场融通，激发产业活力，增强区域产业整体竞争力。

（5）大力推进企业安全生产标准化建设

开展企业安全生产标准化建设是落实企业安全生产主体责任的必要途径，是强化企业安全基础工作的长效制度，是政府实施安全生产分类指导、分级监管的重要依据，是有效防范事故发生的重要手段。因此，要结合企业管理创新，大力推进企业安全生产标准化建设，把其纳入企业管理的全过程，并将标准化等级作为优秀企业管理成果的重要衡量指标，同时作为优秀企业家管理企业水平的重要标志。有关部门单位要修订完善企业管理成果创新、优秀企业家评审等相关考评制度办法，引导企业和企业主要负责人科学发展、安全发展，做到安全不是“投入”而是“投资”，实现企业生产、效益和安全的有机统一，以创新企业管理促进新时代安全生产标准化建设的新飞跃，夯实城市安全发展的基础。

（二）健全城市安全防控机制

习近平总书记强调，对易发重特大事故的行业领域，要采取风险分级管控、隐患排查治理双重预防性工作机制，推动安全生产关口前移。构建双重预防控制机制就是针对安全生产领域“认不清、想不到”的突出问题，从强化安全防控机制、深化隐患排查治理、提升应急管理和救援能力三个方面健全城市安全防控机制。推动建立企业安全风险自辨自控、隐患自查自改，政府领导有力、部门监管有效、企业责任落实、社会参与有序的工作格局，切实提升城市整体安全防控能力，夯实遏制重特大事故的坚实基础。

1．强化安全风险管控

（1）建立城市安全风险辨识评估机制

安全风险辨识评估，是基于对危险因素可能导致后果及其严重性的前瞻预判，为城市安全风险管控和隐患排查治理提供精准目标。建议对城市安全风险进行全面辨识评估，建立城市安全风险信息管理平台，绘制“红、橙、黄、蓝”四色等级（红色为重大风险，橙色为较大风险，黄色为一般风险，蓝色为低风险）安全风险空间分布图，编制并及时更新发布城市安全风险白皮书。

一是城市安全风险辨识。对城市辖区进行网格划分，找出不同网格的风险特征、突出问题和薄弱环节，结合城市安全工作重点，认真组织摸排各行业领域安全风险，重点辨识交通、公共设施和企业以及人员密集场所等方面的城市安全风险，建立城市安全风险及人群密集场所分布档案。系统辨识高科技产业、现代服务业等新产业、新业态引发的新的安全风险。认真组织开展危险化学品重大危险源排查，建立危险化学品重大危险源数据库。完善自然灾害综合风险评估指标体系和技术方法，加快各种灾害地面监测站网建设，开展灾害综合风险评估与减灾能力调查。

二是城市安全风险评估。针对不同行业领域，摸清底数，选择相应的风险评估方法，实现对不同评估对象的风险量化。在分行业风险评估的基础上，利用风险的可叠加性，实现城市各区域及整体的风险量化评估，也可采用定性评价，如采用风险矩阵法进行定性评价。三是安全风险空间分布“四色图”。根据城市安全风险评估结果，将各区域中各类安全风险分布绘制成城市安全风险空间分布电子地图，将各类各级风险源分布展现在一张电子地图上。根据风险可能造成的危害程度，分别确定安全风险“红、橙、黄、蓝”四个等级，并结合企业报告的重大安全风险情况，汇总建立区域安全风险数据库，绘制“红、橙、黄、蓝”四色安全风险空间分布图。四是城市安全风险白皮书。城市安全风险白皮书是政府官方发布的、预防和应对各类突发事件，推动城市安全发展的指导性文件，可以增进公众对城市安全的了解和认识，组织动员各部门、各单位制定和落实风险防控措施，切实保护人民生命财产安全。

（2）建立完善重大安全风险“一票否决”制度

安全管理的本质是风险管理，加强源头管控是控制风险、预防事故的重要手段。习近平总书记强调，坚持安全生产高标准、严要求，招商引资、上项目要严把安全关，加大安全指标考核权重，实行安全生产和重大事故风险“一票否决”。因此，要把实施重大安全风险“一票否决”作为加强源头管控、防范遏制重特大事故的根本举措和治本之策，立足城市运行安全实际，研究制定重大安全风险“一票否决”的具体情形和管理办法，严格生产工艺和技术装备安全准入，新技术、新工艺、新装备应满足安全可靠、具有安全保护功能、符合安全人机工程学等要求。

（3）完善风险管控责任制和联防联控机制

城市运行是一个复杂系统，涉及行业领域多、部门单位多，对城市运行中安全风险实施有效管控，既需要职责清晰、分工明确，也需要齐抓共管、形成合力。因此，建议明确风险管控的责任部门和单位，完善重大安全风险联防联控机制，从而落实工作职责，杜绝监管盲区漏洞，形成工作合力，打造城市安全共同治理的格局。一是要强化行业主管部门的安全管理责任。按照“属地管理”和“分区域、分级别、网格化”原则，实施安全风险差异化动态管理，明确落实每一处重大安全风险和重大危险源的安全管理与监管责任，强化风险管控技术、制度、管理措施。同时，生产经营单位要将风险点按照类别和等级逐一明确到本单位的管控层级，落实管控措施，明确责任单位、责任人，确保风险、可控、能控、在控。二是对于位置相邻、行业相近、业态相似的地区和行业，要建立完善跨行业、跨地区、跨部门的重大安全风险联防联控机制；相关地区和行业要打破区域分割和行业界限，通过建立联席会议制度、制定应急联动预案、建立区域通信联络和应急响应机制、定期开展安全互查和应急调度、联合应急处置演练等方式，推动实现地区、行业间的资源共享。三是建立健全与灾害特征相适应的预警信息发布制度，明确发布流程和责任权限，充分利用各类传播渠道，通过多种途径将灾害预警信息发送到户到人，提高灾害预警信息发布的准确性和时效性。

（4）加强人员密集场所和大型群众性活动风险管控

对人员密集场所及大型群众性活动，要开展安全风险评估、人员容量评估和道路交通影响评估，建立大客流监测预警和应急管控处置机制。一是要从城市运行基础设施承载能力出发，对人员密度和安全容量进行评估，加强大型交通枢纽设施状态和运营状况监测，合理控制客流承载量。二是严格审批、管控大型群众性活动，建立大型经营性活动备案制度和人员密集型作业场所安全预警制度，加强实时监测，严格控制人流密度。三是建立健全人员密集场所人流应急预案和管控疏导方案，发现活动场所区域内人员达到核准安全容量时，活动承办者应当立即停止人员进场，采取疏导应急措施，严防人员拥挤、踩踏事故发生。

1. 深化隐患排查治理

（1）健全城市隐患排查治理体系

城市隐患排查治理体系是一项系统工程，政府及有关部门应当制定城市安全隐患排查治理规范和标准，强化对隐患排查治理情况的监督检查，保证监管力度与效果，做到真查真改。企业要对隐患排查治理负主体责任，对生产经营过程中存在的隐患进行自查、自改，并对发现的隐患及时治理，确保安全发展。一是制定城市安全隐患排查治理规范。各地区要根据城市和行业领域特点，制定安全隐患排查治理规范和标准，对各类隐患进行分类、分级，督促企业对标排查，部门对标执法。二是强化隐患排查治理情况监督检查。强化对各类生产经营单位和场所落实隐患排查治理制度情况的监督检查，严格实施重大生产安全事故隐患挂牌督办。要强化隐患排查治理监督执法，对重大隐患整改不到位的生产经营单位和场所依法采取停产停业、停止施工、停止供电和查封扣押等强制措施，按规定给予上限经济处罚，对构成犯罪的移交司法机关依法追究刑事责任。严格实施重大生产安全事故隐患挂牌督办，对整改和督办不力的纳入政府核查问责范围，实行约谈告诫、公开曝光，情节严重的依法依规追究相关人员责任。

（2）加强城市重大危险源管理

完善城市重大危险源辨识、申报、登记、监督制度，建立动态管理数据库，提升在线安全监控能力。一是建立重大危险源管理制度，全面辨识重大危险源，并及时申报登记，通过技术措施和管理措施对重大危险源严格管理，防止生产安全事故的发生。二是建立重大危险源在线监控系统。以重大危险源动态管理数据库建设为依托，建立监管部门与企业互联互通的信息平台，建立线上线下相结合的重大危险源监控体系，以信息化推进重大危险源管理现代化。

（3）强化落实隐患排查治理制度

为了确保企业隐患排查工作得到有效落实，各级政府及相关部门要督促企业建立隐患自查自改评价制度，定期分析、评估隐患治理效果，不断完善隐患治理工作机制。企业应根据自身实际情况，建立隐患排查治理管理制度，明确责任部门、主要责任人、各级管理人员和从业人员的责任，实现隐患排查、登记、整改、评价、销账、报告的闭环管理。同时，要定期对隐患排查治理效果进行分析、评估，查找隐患排查治理工作存在的问题，不断完善隐患治理工作机制。

（4）加强危险作业安全管理

施工前风险评估，是辨识各项作业活动、作业环境、作业设备等潜在风险，明确各类危险源的种类及危害程度，进而提出可行的安全对策措施，实现安全生产的重要手段。建议加强施工前作业风险评估，强化检维修作业、临时用电作业、盲板抽堵作业、高空作业、吊装作业、断路作业、动土作业、立体交叉作业、有限空间作业、焊接与热切割作业及塔吊、脚手架在使用和拆装过程中的安全管理，严禁违章违规行为，防范事故发生。

（5）加强城市市政公用设施的隐患排查治理

一是要加强广告牌、灯箱和楼房外墙附着物管理，严防倒塌和坠落事故。各大型户外广告经营企业、大型广告牌负责人对设置的广告牌进行安全检测和维护，及时拆除未完善相关审批手续的违章广告牌，确保户外广告牌安全使用，避免广告牌倒塌等事故的发生。二是要加强城市火灾隐患排查。要加强对老旧城区火灾隐患排查，督促整改私拉乱接、超负荷用电、线路短路、线路老化和影响消防车通行的障碍物等问题，消除城市安全隐患。要推行高层建筑消防安全经理人或楼长制度。要求高层公共建筑配备专职消防安全经理人，高层住宅建筑明确楼长，负责本单位、本建筑的消防安全管理，以此推动高层建筑产权、管理单位履行消防安全职责，加强高层建筑消防安全管理。三是要加强城市道路交通安全隐患点段排查治理。加强城市隧道、桥梁、易积水路段等道路交通安全隐患点段排查治理，提升道路交通安全系数，保障道路安全通行条件。四是要加强电梯安全运行管理。明确电梯使用单位安全责任，加强检测维护，保证电梯安全运行的要求。五是严防自然灾害引发各类事故。加强对油、气、煤等易燃易爆场所雷电灾害隐患排查，通过开展城市雷电防御重点单位专项联合执法检查行动，加强对油库、加油站、液化气充装站、煤矿、非煤矿山、危险化学品仓库、烟花爆竹仓库等易燃易爆场所雷电灾害隐患排查，最大限度降低雷电灾害风险。加强地震风险普查，加速推进城市活动断层探测工作，重视城市活动断层探测成果的应用，在城市发展过程中避让活动断层和高风险区域，有效防控地震风险。

（6）加强社区安全建设

社区安全建设是全面建成小康社会、构建和谐社会和平安社会的重要组成部分。我国从 2002 年开始安全社区创建工作，由济南、北京、上海、大连等重点城市、东部沿海地区向中西部地区延伸。建议总结和利用好安全社区创建中的经验，借鉴外国社区在建设和管理上的先进做法，持续推进我国社区安全建设工作。将社区安全建设的重点放在规范化运作和网格化管理上，以规范化建设为标准，以网格化管理为抓手，按照“网中有格、按格定岗、人在格中、事在网中”的模式，建设安全领域纵到底、横到边、全覆盖、无缝隙的网格体系。

3. 提升应急管理和救援能力

（1）健全完善城市应急救援体系

我国自然灾害多发频发，此次整合应急救援资源，组建应急管理部，把几个部门的相关职责集中起来，解决职责分散的问题，形成统一指挥、专常兼备、反应灵敏、上下联动、平战结合的中国特色应急管理体制，是适应国家治理能力现代化的需要。因此，要坚持快速、科学、有效救援，健全城市安全应急救援管理体系，完善应急联动机制，加快推进建立城市应急救援信息共享机制，加强跨部门、跨地区信息共享，健全多部门协同预警发布和响应处置机制，及时通报灾情事故信息，强化应急状态下交通管制、警戒、疏散等防范措施。灾害事故发生后，能够实现信息联动、机构联动、队伍联动，提升防灾、减灾、救灾能力，有效提高事故应急救援和处置能力。构建以政府行政管理为主体，以专业系统和社会系统为辅助的多元化应急救援体系。

（2）健全应急预案体系和协调机制

完善事故应急救援预案，明确应急预案编制要求，实现政府预案与部门预案、企业预案、社区预案有效衔接。同时，定期组织开展联合演练，根据演练评估结果及时修订完善应急预案，进一步提高应急预案的科学性、针对性、实用性和可操作性。探索建立京津冀、长江经济带、珠三角大湾区等区域和事故灾害高风险地区在灾情信息、救灾物资、救援力量等方面的区域协同联动制度。完善军队和武警部队参与抢险救援的应急协调机制，明确工作程序，细化工作任务。

（3）加强应急救援队伍体系建设

一是加强各类专业化应急救援基地和队伍建设，结合产业发展、环境条件和事故态势，开展国家和区域突发事件应急救援力量需求评估，针对现有救援力量难以覆盖的区域，依托消防、大型企业、工业园区等应急救援力量，整合和加强现有救援队伍，培育专业化救援组织，积极推进矿山、危险化学品、油气管道、交通运输、医疗救护等重点行业领域及重点地区应急救援基地和队伍建设。二是重点加强危险化学品相对集中区域的应急救援能力建设，鼓励和支持有条件的社会力量参与应急救援。建立完善日常应急救援技术服务制度，不具备单独建立专业应急救援队伍的中小型企业要与相邻有关专业救援队伍签订救援服务协议，或者联合建立专业应急救援队伍。三是提升广大从业人员及社会公众的安全应急意识和自救互救能力，明晰和理顺居民社区救援的政策、管理机制、防灾组织、志愿者队伍、疏散避难场所的建设与管理，并加强自救互救、训练和演习等工作。

（4）强化城市应急救援基础保障能力

一是健全应急物资储备调用机制。各级政府要健全应急装备物资储备制度与资源信息库，加强与物资储备主管部门、应急装备生产企业和相关救援队伍的沟通衔接，建立应急装备物资的生产、储备、管理、调用和更新体系，实现区域应急物资资源共享。二是健全救灾物资储备体系，推进应急物资综合信息平台建设，完善铁路、公路、水运、航空应急运力储备与调运机制，提高物资调配效率和资源统筹利用水平。三是开发应急救援车辆与装备设施。重点研发国际先进、安全可靠、机动灵活、实用性强的专业救援设备装备，尤其是超高建筑消防车、消防直升机等高层建筑消防装备，并加强安全使用培训。四是建立完善应急避难场所。结合城市人口分布和规模，充分利用公园、广场、校园等宽阔地点，建立完善应急避难场所。同时，在规划建设或改扩建公园、广场、学校等公共设施时，充分考虑应急避难需求，做到合理布局、分级分类、平灾结合、统筹规划。

（三）提升城市安全监管效能

习近平总书记在听取深圳“12・20”特别重大事故调查情况汇报时强调，要严格实行党政领导干部安全责任制，加快完善安全管理体制，加强城市运行管理，防止认不清、想不到、管不到等问题的发生。针对当前我国城市安全管理在责任体系、监管体制、执法能力、执法规范等方面仍然面临一些突出问题，建议从落实安全管理责任、完善安全监管体制、增强监管执法能力、严格规范监管执法四个方面提升城市安全监管效能。

1. 落实安全管理责任

（1）完善党政同责、一岗双责、齐抓共管、失职追责的城市安全责任体系

“党政同责”要求各级党政主要负责人是本地区安全管理第一责任人，对城市安全工作共同担当、共同负责。“一岗双责”要求每个工作岗位既要对具体分管的业务工作负责，也要对分管领域内的安全工作负责。“齐抓共管”要求各级党委、政府及其部门、生产经营单位、社会及全民都要切实履行安全责任，为城市安全工作提供支持和保障。“失职追责”即对于安全管理责任不落实或落实不到位而造成安全事故的，要追究相关单位和人员的责任。

（2）落实各级党委、政府安全管理责任

城市各级党委、政府要落实对本地区城市安全工作的领导责任，落实党政主要负责人、第一责任人的责任，明确党委常委或政府常务领导分管安全工作，在统揽本地区城市发展的全局中同步推进安全管理工作，定期研究解决城市安全发展面临的重大问题。各级党委、政府应当制定“党政同责、一岗双责、齐抓共管、失职追责”的安全责任制度，建立责任清单，明确党委、政府、党政主要负责人和班子成员的安全管理责任，明确党委、政府专题研究城市安全工作的频次，并严格抓好落实。将安全责任落实情况纳入对地方各级党委和政府领导班子及其成员的年度考核、目标责任考核、绩效考核以及其他考核中，在推荐、评选地方党政领导干部作为奖励人选时，应当考察其履行安全责任情况。严格落实安全生产“一票否决”制度，对因发生生产安全事故被追究领导责任的地方党政领导干部，在相关规定时限内，取消考核评优和评选各类先进的资格，不得晋升职务、级别或者重用任职。

（3）落实相关部门安全管理责任

城市各相关部门要落实安全管理职责，做到责任落实无空档、监督管理无盲区。各级党委、政府要结合本地区安全监管体制实际，明晰相关部门安全监管责任，明确哪些部门是负有安全监督管理职责的部门，哪些部门是负有安全管理责任的行业领域主管部门，加快将安全管理职责纳入“三定”规定。

（4）落实生产经营单位安全生产主体责任

各地要严格落实各类生产经营单位安全生产主体责任，加强全员全过程全方位安全管理。“全员”即建立全员安全责任制度，明确每个岗位安全生产工作职责；“全过程”即全面辨识分析每个工序、每个环节、每个阶段的安全风险和事故隐患，强化24小时全过程安全控制管理；“全方位”即切实落实安全投入、教育培训、基础管理、应急救援等安全措施，全方位提升生产经营单位安全保障能力。

2．完善安全监管体制

（1）健全城市安全统筹协调机制

完善统筹协调、分工负责的城市管理体制，加强有关部门之间、部门与地方之间协调配合和应急联动，切实解决城市安全面临的突出矛盾和问题。强化和落实国务院安委会办公室指导协调、监督检查、巡查考核职能。加强国家减灾委员会办公室在灾情信息管理、综合风险防范、群众生活救助、科普宣传教育、国际交流合作等方面的工作职能和能力建设。各地探索将安全生产委员会、防汛抗旱总指挥部、减灾委员会、抗震救灾指挥部、森林防火指挥部的职责整合，建立统一协调的城市安全管理协调机制，统筹协调城市安全生产、防灾减灾救灾和应急救援等相关工作。

（2）推动城市安全综合执法

建议借鉴城市执法、文化市场综合执法体制改革的做法，加强负有安全生产监督管理职责部门的工作衔接，推进安全生产领域内综合执法。城市安全综合执法有两个层面，一是安全生产职责范围内的综合执法。即将应急管理部门负责的矿山、危险化学品、烟花爆竹、冶金等工矿商贸领域执法检查与行政处罚交由内设的执法机构（安全监管执法总队、支队、大队等）统一承担，各相关业务部门不再负责具体执法工作。二是包括各个行业领域的安全生产综合执法。探索由应急管理部门牵头整合相关部门执法队伍，对工矿商贸、交通运输、建筑施工、特种设备等行业领域统一实施安全生产综合监管执法，这样有利于集中监管执法力量，减少职能交叉和推诿扯皮，提高监管时效。同时，对于同一行业领域或同一生产经营单位对应多个监管部门的，负有相应安全监管职责的部门要健全相关机制，积极实施联合执法，提高执法效能。

（3）强化基层监管执法机构和人员力量

市级政府要合理调整执法队伍种类和结构，加强基层安全执法力量。地方党委政府要整合安全监管执法队伍，提高专业监管执法人员比例，统筹政府行政执法人员编制，重点充实市、县两级一线安全监管执法人员，安全监管任务重的乡镇和街道可设立安全监管机构，在行政村（社区）设立安全协管员，将日常行政执法工作重心下移基层。

（4）完善功能区安全监管体制

建议科学划分各类功能区的类型和规模，明确健全相应的安全监督管理机构。根据不同类型、级别、面积、人口、产业结构、经济规模等对各类功能区进行科学分类，对于国家和省级、高危企业聚集、人口和经济规模巨大的功能区，可以独立设立安全监管执法机构，或由所在地区人民政府派驻；其他的功能区也要明确负责安全监管的部门。如江西、安徽等地在推进安全生产领域改革发展的实施意见中，均要求国家级功能区和化工园区设立或派驻安全监管机构，配备专职人员。

（5）明确重点行业领域安全监管职责

建议理顺城市无人机、新型燃料、餐饮场所、未纳入施工许可管理的建筑施工等行业领域安全监管职责，按照“谁主管谁负责、谁审批谁负责”和“管合法必须管非法”的原则，全面梳理、明确界定、严格落实相关部门安全监督检查责任。

（6）完善放管服工作机制

安全生产和减灾防灾事关人民群众生命安全，对确需取消、下放、移交的相关行政许可事项，绝不能一放了之。为确保安全准入标准不降低，建议完善城市安全领域放管服工作机制，提高安全监管实效。一是落实国家关于简政放权的决策部署，对于生产经营单位能够自主决定的、市场机制能有效调节的安全许可项目，一律取消或下放，减少政府对微观事务的干预。二是正确处理好简政放权与加强安全监管的关系，对与人民群众生命财产安全直接相关的安全许可项目必须予以保留和完善，依法严格管理。三是优化工作流程，简化办事环节，实施网上集中受理和审查，及时公开审批受理进展情况和结果，从而节省生产经营单位和群众办事的时间和成本，也可减轻相关部门工作压力，以有限的力量更加专注于检查执法工作。四是对取消、下放、移交的行政许可事项，要加强事中事后安全监管，采取随机抽查、专项检查等执法方式，利用信用联合惩戒、行业组织自律、社会舆论监督等市场机制，加强事中事后监管，确保行政许可取消、下放、移交后标准不降低、管理不放松。

3. 增强监管执法能力

（1）加强监管执法机构规范化标准化信息化建设

一是在规范化建设方面，要建立完善监管执法相关制度规范，严格执行《安全生产监管执法手册》，实施执法全过程记录。同时，采取单位自查、上级督查与公众评议等方式定期开展执法效果评估，对整改情况进行复查，强化执法措施落实。二是在标准化建设方面，要研究制定安全监管执法机构建设标准，严格按照执法机构标准配备监管执法人员、车辆、装备等，保障基层监管执法需要。从各地落实情况来看，湖北省已启动乡镇安监站建设达标工程，做到统一机构名称、统一人员编制、统一制度职责、统一保障标准、统一培训持证、统一执法程序。三是在信息化建设方面，要加快城市安全信息化建设，全面推进相关部门大数据等信息技术应用，实现跨部门、跨地区数据资源共享共用，提升重大危险源监测、隐患排查、风险管控、应急处置等预警监控能力，构建城市安全信息化全国“一张网”。所有执法人员配备使用便携式移动执法终端，全面推行监管执法电子案卷，加强检验检测、调查取证、应急处置等技术支撑体系建设，加快形成与现场执法、事故调查、应急救援等监管执法工作相配套的技术支撑能力。

（2）加强基层执法工作

安全监管执法力量不足的城市可通过派驻执法、跨区域执法或委托执法等方式，加强街道、乡镇和各类功能区安全执法工作。派驻执法是指由上级应急管理部门在重点街道、乡镇和功能区派出分支机构开展监管执法工作。跨区域执法是指由上级应急管理部门派出分支机构或委托相关监管执法机构跨区域对多个街道、乡镇和功能区进行监管执法。委托执法是指由上级应急管理部门依据《行政处罚法》和《安全生产违法行为行政处罚办法》，委托街道、乡镇和功能区的监管执法机构行使检查执法和行政处罚职能。

（3）提高监管执法人员素质能力

安全监管执法是一项专业技术性很强的工作，既需要有扎实的专业技术和法律法规知识，也需要有丰富的现场实践经验。对此，建议加强安全监管执法教育培训，通过组织开展执法案件公开裁定、现场模拟执法，编制运用行政处罚和行政强制指导性案例等实操性培训方式，促进提高安全监管执法人员的业务素质能力。

（4）完善行刑衔接制度

建立安全生产行政执法和刑事司法衔接制度，完善安全生产违法线索通报、案件移送与协查机制，明确安全生产行刑衔接的移送标准，理顺案件移送的基本流程，建立相关信息共享交流机制，克服有案不移、有案难移、以罚代刑现象，实现安全生产行政处罚和刑事处罚无缝对接。

4．严格规范监管执法

（1）严格监管执法处罚

加强监管执法是推动企业落实安全生产主体责任、减少违法违规行为的重要手段。一是要完善执法人员岗位责任制和考核机制，将监管执法和行政处罚情况纳入执法人员责任制和工作考核的重点内容，督促其严格规范执法。二是要认真落实《安全生产监管执法手册》，严格遵守执法程序。三是要根据本地区实际及事故规律特点，按照分级分类监管的原则，突出重点区域、重点行业领域、重点企业、重点时段，科学安排执法计划，加强现场精准执法。四是对违法行为要及时做出处罚决定，防止领导干部干预执法，同时加大行政处罚力度，切实发挥监管执法的惩戒震慑作用。

（2）规范行政处罚措施。

一是完善安全生产行政处罚自由裁量标准及监管执法相关制度规范，依法明确各类安全生产行政执法决定的具体适用情形、时限要求和责任单位，确保执法部门准确做出处罚决定，及时落实处罚措施。二是明确对推诿或消极执行、拒绝执行停止供电、停止供应民用爆炸物品等处罚措施的有关职能部门或单位，下达执法决定的部门，可将有关情况提交行业主管部门或监察机关依法做出处理，督促相关部门配合负有安全监管职责的部门落实行政处罚措施，形成监管执法合力。

（3）加强执法监督和问责

一是主动公开检查执法的对象、内容、过程和处理结果等执法信息，接受社会和舆论监督。按照《国务院办公厅关于加强安全生产监管执法的通知》规定，各有关部门依法对企业做出执法决定之日起 20 个工作日内，要向社会公开执法信息。二是完善人大、政协监督、部门内部监督与社会舆论监督机制，加强对执法行为的监督，并将执法情况作为安全生产工作巡查和年度考核的重要内容。三是建立执法问责机制，对负有安全监管职责部门的执法人员，若发现其未依法采取相应执法措施或降低执法标准，要对相关责任人实施问责，督促相关部门和执法人员严格规范执法。

（4）严格事故责任追究

事故带来血的教训决不能再用鲜血去验证。要严肃事故调查处理，对事故调查中发现涉嫌犯罪的，调查组应当及时将有关材料移交司法机关处理，充分发挥司法机关在事故调查中的作用，加大对违法犯罪的打击和处罚力度。对于造成死亡事故的，要实行“一案双查”，既要严肃追究企业的责任，又要依法倒查追究相关监管部门和地方政府的责任。同时，要及时对事故问题整改、防范措施落实、相关责任人处理等情况进行检查评估，真正发挥事故调查处理“一地有事故、全国受教育”的作用。

（四）强化城市安全保障能力

“合抱之木，生于毫末；九层之台，起于垒土”。保障城市安全必须发挥科技创新对城市安全的支撑作用，把提升市民安全素质和技能放在更加重要的地位，构建城市安全共建共治共享的社会治理格局。建议从健全社会化服务体系、完善安全投入长效机制、强化安全科技创新与应用、提升市民安全素质和技能四个方面强化城市安全保障能力。

1. 加强城市安全社会化治理

（1）完善政府购买安全服务指导目录

政府购买服务既可以促使政府转变职能，提高公共管理效率，又可以使社会力量广泛参与公共事务，提高公众满意度。建议鼓励和引导社会力量进入城市安全领域，发挥市场机制作用，有效发挥社会力量在人员培训、隐患排查和应急抢险中的作用，更好地满足新形势下安全服务多样化、个性化、专业化需求，同时有效发挥财政资金的杠杆作用，吸引更多的社会力量参与城市安全。

（2）充分发挥保险机构的风险防范和赔付功能

各地要根据《安全生产责任保险实施办法》制定具体实施细则，大力实施安全生产责任保险，突出事故预防功能，促使保险机构利用保费聘用安全生产社会化服务机构进行安全宣传教育培训、生产安全事故隐患排查和安全科技推广应用等其他有关事故预防工作。同时，加快巨灾保险制度建设，不断扩大保险覆盖面，鼓励各地结合灾害风险特点，探索巨灾风险有效保障模式。

（3）加快推进安全诚信体系建设

安全诚信体系建设是我国社会信用体系的重要一环，对我国社会治理工作意义非常。建议将生产经营过程中极易导致生产安全事故的违法行为纳入安全生产领域不良信用联合惩戒“黑名单”管理，从事后处理转向事前预防，建立健全跨部门协同监管和联合惩戒机制，明确限制项目内容，加强信息公开与共享，提高执行查控能力建设，构建“一处失信、处处受限”的信用惩戒大格局。

（4）完善城市社区安全“网格化”工作体系

“网格化”工作体系是推动安全监管体系延伸到最底层，协助打通安全监管“最后一公里”的有效手段。建议推行“网格化”监管工作，充分发挥网格员的“纽带”作用，搭建企业和政府监管部门沟通的桥梁，最大限度协调利用社会管理综合治理网格或其他既有网络资源，积极推动安全监管网格与既有网络资源在队伍建设、工作机制、工作绩效、信息平台等方面的融合对接，注重发挥居民委员会、村民委员会等基层群众自治组织在发现生产经营单位事故隐患或安全违法行为中的作用，构建全覆盖、齐抓共管的安全监管工作氛围。

（5）充分运用社会和群众力量

鼓励引导社会化服务机构、公益组织和志愿者参与推进城市安全发展。充分发挥市场作用，加快培育城市安全专业化技术服务主体，加强对技术服务机构和社会组织的监督管理，把相关政府部门负责的部分城市安全管理服务事项依法依规通过政府购买服务的形式，交给具有条件的社会组织承担。完善信息公开、举报奖励等制度。建立重大建设项目、重大安全风险和事故隐患社会公示公开机制，建设信息化隐患举报平台，加大奖励力度，鼓励群众积极举报身边的各类风险隐患，维护人民群众对城市安全的知情权、参与权、监督权。研究制定和完善社会力量参与防灾减灾和应急救援的相关政策法规、行业标准、行为准则，搭建社会组织、志愿者等社会力量参与的协调服务平台和信息导向平台。

2．完善安全投入长效机制

（1）加大城市公共安全投入

城市安全公共投入是提高城市整体安全水平的前提和重要基础。目前，中央和大部分地方财政均以不同形式设立了安全生产专项资金，中央层面出台了《安全生产预防及应急专项资金管理办法》，对资金管理和使用做了具体要求。建议在此基础上，进一步加大城市安全投入，以城市面积、经济发展程度、人口等指标，明确地方安全投入标准，建立集安全生产、防灾减灾、应急救援等为一体的多元化城市安全发展专项资金。

（2）建立多元化社会安全投入机制

健全投融资体系，引导金融机构和社会资本加大对城市安全基础工程项目的投入和支持。鼓励安全慈善事业，通过设立慈善基金、开展慈善捐款等方式，强化城市安全基础保障和事故救助救援能力。

（3）建立企业安全投入激励约束机制

安全城市建设是政府、企业、公民的共同责任，作为市场主体，企业在城市安全发展中扮演着不可或缺的角色，它们既是城市安全发展的受益方，更是安全城市的建设者。建议加快修订《企业安全生产费用提取和使用管理办法》，进一步完善企业安全投入激励约束机制，制定相关优惠政策，确保足额提取和使用安全生产费用，鼓励企业主动承担社会责任，投资城市安全基础设施和安全公益活动，实现经济效益与社会效益双赢的良好局面。

3．强化安全科技创新与应用

（1）建立完善部门间公共数据资源开放共享机制

信息资源日益成为重要的生产要素和社会财富，信息掌握的多寡、信息能力的强弱成为衡量国家竞争力的重要标志。要打通城市安全数据壁垒，实现各部门、各层级数据信息互联互通、充分共享，尤其要加快推进人口、法人、空间地理、社会信用等基础信息库互联互通，汇聚城市人口、建筑、街道、管网、环境、交通等数据，实现各种灾害风险隐患、预警、事故灾情等信息共享。推进大数据、云计算、地理信息等新技术新方法的运用，提高城市安全信息获取、模拟仿真、预报预测、风险评估、应急通信与保障能力。

（2）积极研发和推广应用先进科研成果

科技创新是安全的重要保障，也是防范遏制重特大事故灾难的重要支撑。城市必须紧紧依靠科技进步，以科技创新驱动安全发展。必须以安全科技需求为纽带，围绕城市安全面临的重大科技问题，整合国内优势科技资源，发挥科研院所和高校安全科技创新的优势作用，加强基础理论研究和关键技术研发，着力揭示重大事故和灾害及灾害链的孕育、发生、发展、演变规律，分析致灾成因机理。加强重点行业和领域安全关键技术装备研发，切实解决困扰风险防控、抢险救援、灾害治理、地震预警和工程抗震的理论和技术难题。通过产、学、研的结合，形成重大科技成果研发、试验、检测、孵化、生产、应用、推广功能完整的安全技术支撑链，完善安全科技成果转化激励制度，健全安全科技成果评估和市场定价机制，建立市场主导的安全技术转移体系，促进安全科技转变为保障安全的现实生产力。

（3）建立城市安全智库

智库建设是国家治理体系和治理能力现代化的重要内容，纵观当今世界各国现代化发展历程，智库在国家治理中发挥着越来越重要的作用，日益成为国家治理体系中不可或缺的组成部分，是国家治理能力的重要体现。各相关行政机关所属政策研究机构应围绕城市安全的中心任务和重点工作，定期发布决策需求信息，通过项目招标、政府采购、直接委托、课题合作等方式，引导相关智库开展城市安全的政策研究、决策评估、政策解读等工作。

4．提升市民安全素质和技能

（1）切实提升人民群众的安全法治意识

法治意识的树立和法治习惯的养成关键要靠普法，应当把全民普法和作为推进城市安全的长期基础性工作。建立完善的安全生产和减灾防灾相关法律法规、标准的查询、解读和公众互动交流信息平台，一方面可以满足不同群体查阅和使用相关法律法规和标准的需求，另一方面也可通过公众互动交流，进一步完善安全法规标准体系，深入推进科学立法、全民守法，不断增强全社会安全法治观念。坚持谁执法谁普法的原则，深入开展城市安全法治宣传教育，加大安全普法力度，切实提升人民群众的安全法治意识，引导全民自觉守法。

（2）推广普及安全常识

建议加快把普及安全知识纳入国民教育，建立完善的中小学安全常识教育体系。积极促进社会服务机构与院校对接，设定各层次安全教育的目标定位、原则要求、实施路径，编写安全知识教育读本，发挥课堂教学主渠道作用，分阶段、分层次安排安全教育内容。建设融宣传教育、展览体验、演练实训等功能于一体的城市安全科普宣传教育基地。针对农民工文化素质低、接受能力差的特点，应采取通俗易懂、生动有效的培训方法和措施，加强农民工安全常识培训。

（3）积极开展安全文化创建活动

文化是一个国家、一个民族的灵魂。城市作为人口集中、开展各类经济社会活动的载体，广大市民既是经济社会活动的直接参与者，也是安全发展的利益相关方，只有提高城市全民安全素质，才能促进城市安全发展。因此，要持续推进全国安全社区、安全文化示范企业、全国综合减灾示范社区等创建活动。立足于加强安全文化建设，加强安全公益宣传，积极开展安全文化创建活动，鼓励创作和传播安全主题公益广告、影视剧、微视频等作品。从创新安全文化宣传载体和方式出发，加强安全文化建设，充分发挥中央和地方主流媒体作用，加大安全信息传播力度和覆盖面。围绕事故警示教育、安全科普、安全提示等角度进行选题策划，借助公益广告、影视剧、微视频等媒介多渠道形势，形成一批精品栏目和艺术作品，在中央主流媒体、地方各级媒体和新媒体平台播出刊发，引导广大市民关心、关注、参与城市安全发展工作。

（4）营造关爱生命、关注安全的浓厚社会氛围

健全重特大事故灾害信息发布和舆情应对机制，完善信息发布制度，规范现场应急处置、新闻发布、网络及社会舆情应对等工作流程，确保公众知情权。发挥工会、共青团、妇联等群团组织作用，搭建城市安全工作载体，开展群众性安全宣教活动，依法维护职工群众的知情权、参与权与监督权。鼓励建设具有城市特色的安全文化教育体验基地、场馆，积极推进把安全文化元素融入公园、街道、社区，营造关爱生命、关注安全的浓厚社会氛围。

七、国家安全发展示范城市评价研究

（一）国内相关示范城市创建经验

1．全国文明城市

（1）创建背景

创建文明城市活动始于1995年。江苏省张家港市开展创建文明城市的经验得到中央领导同志的充分肯定。1996年10月，党的十四届六中全会通过《中共中央关于加强社会主义精神建设的决议》，第一次把文明城市与文明村镇、文明行业并称为“三大”群众性精神文明建设创建活动，引起各级党委政府高度重视。1997年，中央精神文明建设指导委员会成立，1999年和2002年，中央文明委分两批表彰创建文明城市工作先进城市（区）121个。2002年起，中央文明办组织专家编制《全国文明城市测评体系》。2003年第一批全国文明城市评选开始，2005年，首批获奖城市和城区公布。

（2）主导机构及指导文件

中央精神文明建设主导委员会主导全国文明城市创建工作。主要指导文件有《关于评选表彰全国文明城市、文明村镇、文明单位的暂行办法》《全国文明城市测评体系》。

（3）评选创建流程

全国文明城市、文明村镇、文明单位每三年评选表彰一次。每届期满后，获得荣誉称号的城市、村镇和单位需重新参加申报、评选。连续三届保持荣誉称号的，中央文明委分别授予“全国文明城市标兵”“全国文明村镇标兵”“全国文明单位标兵”的荣誉称号。

全国文明城市、文明村镇、文明单位的评选按照自愿申报、逐级推荐、提前公示、择优评选的程序进行（见图7-1　评选创建流程图）。

①
· 具备申报资格的城市，村镇可自愿向上级精神文明建设委员会提出申请
· 参加全国文明城市评选的直辖市直接向中央文明委员会提出申请。

②
· 各级文明委按照标准和申报资格对申报城市进行审核，逐级向上一级文明委推荐。
· 最后由省（区、市）和中央、国家有关主管部门文明委统一审核后，提出本省（区、市）或本系统的拟推荐名单。

③
· 推荐名单在省（区、市）主要媒体或全系统内以适当方式进行为期十五天的公示。公示期满后，正式向中央文明委办公室提交推荐报告。

④
· 中央文明委办公室审核，宝中央文明委审议。批准后，正式表彰，颁发奖牌和证书。

图 7–1 评选创建流程图

①自愿申报。具备申报资格的城市、村镇可自愿向上级精神文明建设委员会提出申请。具备申报资格的单位可自愿向当地精神文明建设委员会提出申请。垂直管理系统的单位向上一级主管部门精神文明建设委员会（领导小组）提出申请，中央直属单位按党组织隶属关系向上一级精神文明建设委员会（领导小组）提出申请。参加全国文明城市评选的直辖市直接向中央文明委提出申请。

②逐级推荐。各级文明委按照全国文明城市、文明村镇、文明单位的标准和申报资格对申报城市、村镇、单位进行审核，本着优中选优的原则，逐级向上一级文明委推荐。最后，由省（区、市）和中央、国家有关主管部门文明委统一审核后，提出本省（区、市）或本系统的拟推荐名单。

③提前公示。各省（区、市）和中央、国家有关主管部门文明委需将拟推荐名单在省（区、市）主要媒体或全系统内进行为期 15 天的公示，接受群众的评议和监督。公示期满后，正式向中央文明委办公室提交推荐报告。

④择优评选。中央文明委办公室对各地、各有关部门的推荐报告进行审核，以适当方式征询有关方面和人民群众的意见。对垂直管理系统推荐的单位，征求所在省（区、市）文明委意见；对地方推荐的单位，征求相关行业主管部门的意见。审核后，提出全国文明城市、文明村镇、文明单位建议名单，报中央文明委审议。中央文明委审议批准全国文明城市、文明村镇、文明单位建议名单后，正式进行表彰，颁发奖牌和证书并给予适当奖励。各地、各有关部门可从实际出发制定奖励办法，对获得全国文明城市、文明村镇、文明单位荣誉称号的城市、村镇、单位及在创建工作中做出突出贡献人员进行奖励。

2．国家生态文明城市

（1）创建背景

2013 年 12 月，《国家生态文明先行示范区建设方案（试行）》提出在全国范围内选择有代表性的 100 个地区开展国家生态文明先行示范区建设。同时，国家发展改革委员会联合财政部、国土资源部、水利部、农业部、国家林业局制定了《国家生态文明先行示范区建设方案（试行）》。为贯彻落实《中共中央国务院关于加快推进生态文明建设的意见》，2016 年 1 月，环保部制定了《国家生态文明建设示范区管理规程（试行）》和《国家生态文明建设示范县、市指标（试行）》。

（2）主导机构及指导文件

生态环境部主导生态文明城市创建工作。主要指导文件包括《中共中央 国务院关于加快推进生态文明建设的意见》《国家生态文明建设示范区管理规程（试行）》《国家生态文明建设示范县、市指标（试行）》。

（3）评选创建流程

具体程序如下图 7-2　评选创建流程图所示

①
· 创建地区人民政府可以向省级生态环境部门申请技术评估。

②
· 省级生态环境部门进行预审，预审合格向环保部提交技术评估申请。

③
· 生态环境部完成初审，初审合格完成技术评估。

④
· 生态环境部以书面形式向省级生态环境部门反馈技术评估意见。

⑤
· 通过考核验收的市、县，生态环境部进行审议并在部网站、《中国环境报》上予以公示。

⑥
· 公式合格，授予国家生态文明建设示范市、县称号，有效期 5 年。

图 7–2　评选创建流程图

①符合下列条件的创建地区人民政府可以向省级生态环境部门申请技术评估。

②省级生态环境部门收到市县创建地区人民政府提交的申请后，应当按照国家生态文明建设示范市、县指标要求，及时进行预审；预审合格后，向生态环境部提交技术评估申请及相关附件。

③生态环境部收到申请后，在 30 个工作日内完成初步审查，对初步审查合格的，

受理申请，并于受理后6个月内完成技术评估；对初步审查不合格的，及时将审查情况反馈省级生态环境部门。

④省级生态环境部门收到创建乡镇所在地县级生态环境部门提交的申请后，应当按照国家生态文明建设示范乡镇指标要求，及时进行资料审查；对资料审查合格的，于6个月内完成技术评估。

⑤市县技术评估组由生态环境部和省级生态环境部门相关人员及有关专家组成。乡镇技术评估组由省级和市级生态环境部门相关人员及有关专家组成。

⑥生态环境部应当在市县技术评估结束后15个工作日内，以书面形式向省级生态环境部门反馈技术评估意见。省级生态环境部门应当在乡镇技术评估结束后15个工作日内，以书面形式向县级生态环境部门反馈技术评估意见。根据技术评估意见，需要整改的创建地区应按照要求进行整改，时间一般不少于半年。

⑦对通过考核验收的市县，生态环境部进行审议并在部网站、《中国环境报》上予以公示；对通过考核验收的乡镇，由省级生态环境部门在向生态环境部提出公告申请前，在省级生态环境部门网站上进行公示，公示期为7个工作日。

⑧对公示期间未收到投诉和举报，或者投诉和举报问题经调查核实完成整改的市县，生态环境部按程序审议通过后发布公告，授予国家生态文明建设示范市县称号，有效期5年。

3. 全国双拥模范城市

（1）创建背景

1991年1月10日至16日，民政部和解放军总政治部在福州召开了中华人民共和国成立以来第一次全国双拥工作会议。1991年6月，经党中央批准，国务院、中央军委成立了“全国拥军优属拥政爱民工作领导小组”。1991年8月，全国双拥工作领导小组在下发《关于深入开展创建双拥模范城（县）活动的意见》。1991年1月，民政部、总政治部联合命名了第一批全国双拥模范城（县）。1993年11月，全国双拥工作领导小组发布了《创建双拥模范城（县）命名管理办法》，制定了双拥模范城（县）的基本标准，并规定双拥模范城（县）实行动态管理，不搞终身制，原则上是全国每三年命名一次，省级每两年命名一次，省以下单位不得命名双拥模范城（县）等。2010年，颁布了重新修订的《双拥模范城（县）创建命名管理办法》和新制定的《全国双拥模范城（县）考评标准（试行）》。2015年，印发了新修订的《双拥模范城（县）创建命名管理办法》和《全国双拥模范城（县）考评标准》。

（2）主导机构及指导文件

全国双拥工作领导小组主导双拥工作。主要指导文件包括《双拥模范城（县）创建命名管理办法》《全国双拥模范城（县）考评标准》。

（3）评选创建流程

具体程序如下图 7-3 评选创建流程图所示。

①
· 省级双拥模范城（县）由当地党委、政府、军分区推荐（自荐）。

②
· 省（自治区、直辖市）双拥工作领导小组审核，报省党委、政府和省军区批准，报全国双拥工作领导小组备案。

③
· 省（自治区、直辖市）双拥工作领导小组推荐全国双拥模范城（县），将推荐名单媒体公示。

④
· 公示期满，报省党委、政府和省军区研究同意后，书面向全国双拥工作领导小组推荐。

⑤
· 全国双拥工作领导小组办公室会同有关部门，对推荐的城（县）进行抽查考核，将初选名单媒体公示。

⑥
· 公示期满，报全国双拥工作领导小组组长办公室审议，提交全国双拥工作领导小组全体会议批准后，并举行命名大会。

⑦
· 对被命名的双拥模范城（县），授予奖匾，颁发荣誉证书。

⑧
· 动态管理。

图 7–3 评选创建流程图

①全国双拥模范城（县）由全国双拥工作领导小组批准，以全国双拥工作领导小组、民政部、总政治部名义命名。省级双拥模范城（县）由省（区、市）党委、政府和省军区（卫戍区、警备区）命名。

②省级双拥模范城（县）由省（自治区）辖市（地区、州、盟）、直管县和直辖市辖区（县）党委、政府、军分区（警备区、人武部）推荐（自荐），经省（区、市）双拥工作领导小组审核，报省（区、市）党委、政府和省军区（卫戍区、警备区）批准，同时报全国双拥工作领导小组备案。

③省级双拥模范城（县）四年命名一次，命名前需报经党中央、国务院、中央军

委批准后实施。除特殊情况外，应举行命名大会。具体命名时间由各省（区、市）确定。

④全国双拥模范城（县）四年命名一次，命名前需报经党中央、国务院、中央军委批准后实施，特殊情况可提前或延期。每次命名，由省（区、市）双拥工作领导小组按有关规定择优推荐。被推荐城（县）应符合本办法第十条规定和每届命名的具体要求，并获得省级双拥模范城（县）荣誉称号。

⑤省（区、市）双拥工作领导小组推荐全国双拥模范城（县），要严格标准，听取当地军地双方反映，征求所在大军区意见，并将推荐名单在当地主要新闻媒体进行为期 7 天的公示。公示期满，报省（区、市）党委、政府和省军区（卫戍区、警备区）研究同意后，书面向全国双拥工作领导小组推荐。

⑥全国双拥工作领导小组办公室会同有关部门，对推荐命名的城（县）进行抽查考核，提出初选意见，将初选名单在中央主要新闻媒体进行为期 7 天的公示。公示期满，报全国双拥工作领导小组组长办公会审议，提交全国双拥工作领导小组全体会议批准后，由全国双拥工作领导小组、民政部、总政治部发布命名决定，并举行命名大会。

⑦对被命名的双拥模范城（县），授予奖匾，颁发荣誉证书。

⑧全国双拥工作领导小组办公室每两年对全国双拥模范城（县）进行抽检，发现问题及时纠正，并通报抽检情况。双拥模范城（县）的工作出现问题的，省（区、市）双拥工作领导小组要及时给予纠正，并责令限期整改，有关情况报全国双拥工作领导小组办公室。符合撤销条件的，应按命名权限撤销双拥模范城（县）荣誉称号。

4．国家食品安全城市

（1）创建背景

为贯彻落实国务院办公厅《关于印发 2014 年食品安全重点工作安排的通知》（国务院办公厅发〔2014〕20 号），积极稳妥推进国家食品安全城市创建活动，推动地方政府落实属地责任，创新监管举措，提升食品安全整体保障水平，国务院食品安全委员会办公室（简称国务院食安办）决定选取河北省、山东省、湖北省、陕西省作为试点省份，探索开展食品安全城市创建工作。经省级层面初评推荐和国家层面的公示评议，并报请国务院食品安全委员会审议同意，国务院食安办授予河北省石家庄市、唐山市等 15 个市（区）“国家食品安全示范城市”称号。

（2）主导机构及指导文件

国务院食品安全委员会主导食品安全城市创建工作。主要指导文件包括《国务院办公厅关于印发 2014 年食品安全重点工作安排的通知》《国务院食品安全办关于开展食品安全城市创建试点工作的通知》《国家食品安全城市创建活动工作方案》。

（3）评选创建流程

国家食品安全城市创建活动由国务院食品安全委员会统一部署，各省级食品安全委员会具体组织实施，每两年为 1 个申报评价周期。具体程序如下图 7-4　评选创建流程图所示：

①
· 省级食品安全委员会确定参加创建城市名单。

②
· 省级食品安全委员会组织创建并考核推荐。

③
· 国务院食品安全委员会办公室复核。

④
· 命名公布。

⑤
· 动态管理。

图 7-4　评选创建流程图

①省级食品安全委员会根据自愿的原则确定本省（区、市）参加国家食品安全城市创建的名单。4 个直辖市（其中的 1 个市辖区）、27 个省会城市、5 个计划单列市参加首批创建活动；确实不能参加的，应说明理由，并由该城市人民政府向社会公示。各省（区、市）根据自身情况，也可吸纳其他有条件的地级城市参加创建活动。各省级食品安全委员会应将首批参加创建的名单报国务院食安办。之后，每两年再确定一批新的参加创建城市名单，并于第一年 6 月底前提交国务院食安办。

②从确定创建城市名单当年至次年 6 月底为城市创建和考核推荐时期。在省级食品安全委员会统一指导下，创建城市要严格对照国家食品安全城市标准开展各项工作，落实工作措施，努力达标。省级食品安全委员会组织对创建城市工作进行考核，按照优中选优的原则确定拟推荐为“国家食品安全城市”的城市名单（每个省不超过两个），并将拟推荐名单在当地主要新闻媒体上公示（不少于 15 天），接受群众评议和监督。公示期满后，将群众认可的推荐城市名单及其创建工作相关推荐材料报送至国务院食安办。各地对创建城市的考核推荐，必须把群众满意作为重要评价依据。群众满意度调查应委托社会第三方机构执行，选取有代表性的调查对象，保证足够的样本量，调查的内容既要包括群众对城市食品安全现状总体上的满意程度，

还要包括群众对政府在打击食品安全违法犯罪、调动社会监督积极性、科普宣教等方面政策措施的认可程度。

③国务院食安办将各省上报的推荐城市名单及创建工作情况说明等有关材料在中央主要媒体和网站进行公示，接受群众评议和监督；委托由协会、媒体、第三方机构、专家学者等各方代表组成的第三方评议组，对推荐城市进行抽查复核，核实群众反映的有关情况，并对公众认可度进行测评。

④国务院食安办根据第三方评议组的意见，拟定“国家食品安全城市”名单，报国务院食品安全委员会审议通过后向社会公布。

⑤国家食品安全城市实行动态管理。国务院食安办对获得“国家食品安全城市”命名的城市不定期进行抽查。对发生重大食品安全事故、影响恶劣的食品安全事件，隐瞒、谎报、缓报食品安全事故或在创建中存在其他弄虚作假等违法违纪行为，对食品安全事故或事件处置不当，以及存在其他不再符合国家食品安全城市命名标准情形的，立即撤销命名并向社会公布。

（二）安全发展示范城市评价机制

推动城市安全发展要坚持典型引路、示范带动，创建安全发展示范城市是推进城市安全发展的强大动力和重要抓手。《中共中央、国务院关于推进安全生产领域改革发展的意见》对推进安全发展示范城市建设提出了明确要求。中共中央办公厅、国务院办公厅《关于推进城市安全发展的意见》明确由国务院安委会负责制定安全发展示范城市评价与管理办法，国务院安委办负责制定评价细则，组织第三方评价，以国务院安委会名义授牌或摘牌。借鉴国家卫生城市、双拥城市、文明城市等其他领域示范城市创建经验做法，研究设计国家安全发展示范城市评价机制和流程。

1．组织管理机制

（1）管理机构

国家安全发展示范城市评价与管理工作由国务院安委会统一部署，国务院安委会办公室负责组织实施。原则上每年评价一次，国务院安委会进行命名和授牌。各省（区、市）负责组织开展本地区的安全发展示范城市创建和评价工作。

（2）评价办法和细则

国务院安全生产委员会负责制定《国家安全发展示范城市评价办法》，国务院安委会办公室负责制定和修订《国家安全发展示范城市评价细则》，指导各地开展创建和评价工作，并根据实际情况及时修订完善。

2．评价流程

具体流程如下图 7-5　国家安全发展示范城市评价流程所示。

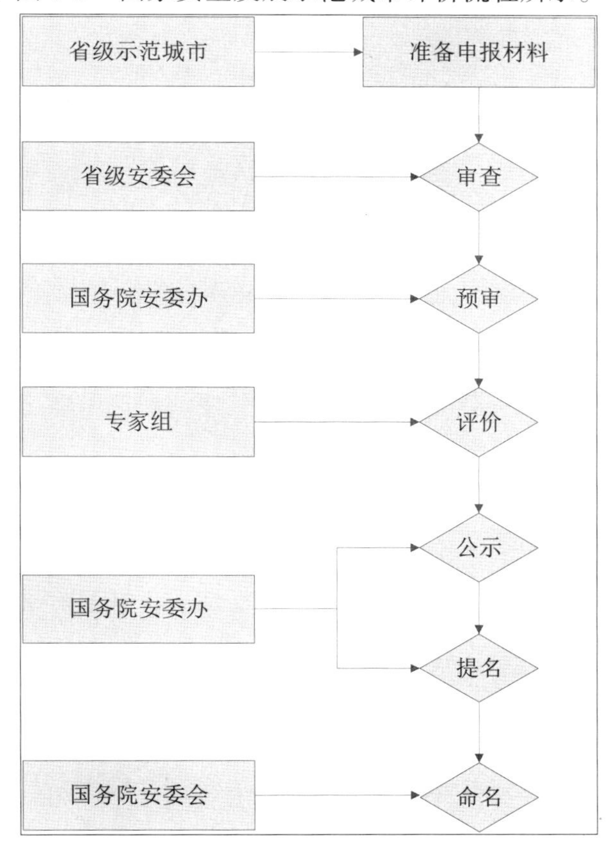

图 7–5　国家安全发展示范城市评价流程

（1）省级推荐条件

参评城市应先通过省级安全发展示范城市评价，并由省级安委会择优推荐。在参评年前一个自然年内发生重大事故的，或前三个自然年内发生特别重大事故的，不得推荐。在评价过程中和授牌前发生重大及以上事故的，取消本年度参评资格。

（2）提交申报材料

参评城市人民政府应向所在地的省级安委会提交以下材料，并对材料真实性负责：安全发展示范城市创建工作情况、近三年城市安全工作总结、城市规划和建设情况、省级安全发展示范城市的批复文件、省级安委会要求提交的其他材料。省级安委会应对材料进行审查，同意推荐的报国务院安委会办公室。

（3）申报材料预审

国务院安委会办公室接到推荐后，对材料进行预审，不符合参评要求的退回省级安委会，需要补充材料的告知省级安委会。对材料符合要求的参评城市，随机抽选组建评价专家组开展评价工作。

（4）专家评价

国务院安委会办公室负责核对评价专家身份，制定宣布评价纪律，向专家提供相关政策法规、评价办法和细则业务培训，对评价专家履行职责情况予以记录。

评价专家组组长负责组织编写评价报告，评价专家组根据评价办法与细则独立开展评价工作，评价得分与扣分的要附证明材料和注明原因，持有不同意见的要在签字处注明，将评价结果提交评价专家组组长并签字确认。

（5）评价监督

国务院安委会办公室负责维护评价秩序，监督评价专家依照相关要求独立开展评价工作，及时制止参评城市对接人员、评价专家的倾向性言论或者违法违规行为。参评城市存在派人私下接触专家组成员、阻碍专家组工作、提供虚假文件材料等情形的，取消本年度和下一年度的参评资格。

评价专家存在照搬照抄其他专家意见、对需要专业判断的主观评价指标协商评分、未按规定程序开展评价工作、没有执行回避制度、违反评价纪律发表倾向性意见等情形的，其意见无效。实行评价专家回避制度，专家不得参加其出生地、学习和工作所在地的评价工作。

（6）社会公示

国务院安委会办公室将评价通过城市的有关情况在相关政府网站和主流媒体上向社会公示，公示内容包括被评价合格城市名单、评价报告、公开诉求渠道等。公示期为 30 个工作日，公示期内收到的有关诉求、意见、建议的具体办理反馈情况向社会公布。

（7）提出建议名单

公示期间未收到投诉和举报，或投诉和举报问题经调查核实符合评价要求的创建城市，由国务院安委会办公室提出拟命名“国家安全发展示范城市”建议名单。

（8）命名授牌

国务院安委会办公室将国家安全发展示范城市建议名单、社会公示等情况报国务院安委会审议通过后，由国务院安委会向各省级政府通报，并为“国家安全发展示范城市”授牌。

3．动态管理机制

（1）撤销命名

获得“国家安全发展示范城市”命名后，发生重大及以上事故的，发现在创建评价过程中隐瞒事实、弄虚作假，以及出现其他严重问题，不具备示范引领作用的城市，应撤销其命名并摘牌。撤销命名时，国务院安委会办公室应听取该城市的申辩意见，征求所在省级安委会的意见，报国务院安委会做出撤销决定，并向社会公布。被撤销命名的，取消其下一年参评资格。经过认真整改，符合条件的，可参加以后的国家安全发展示范城市评价。

（2）定期复核

国务院安委会办公室对获得命名的国家安全发展示范城市每三年进行一次复核。省级安委会对照评价细则要求组织省级复核，并于当年6月底前将复核意见报国务院安委会办公室。国务院安委会办公室进行复核并形成复核建议，并在相关政府网站和主流媒体上向社会公示，公示期为30个工作日。国务院安委会办公室将复核建议报国务院安委会审议，决定是否复核通过保留命名。

4．专家管理机制

（1）专家聘用

相关单位和个人向国务院安委会办公室推荐评价专家人选。国务院安委会办公室应对申请人进行审核并决定是否聘用，也可以直接聘用符合条件的专业人员成为评审专家。

（2）专家资格

评价专家应当拥有副高级及以上职称（优秀青年学者和专家可适当放宽条件），主要从事城市安全相关法规标准研究、理论政策、科技研发、规划编制、评价咨询设计等工作，具有良好的科学道德，作风严谨，客观公正，廉洁自律，身体条件适应评价工作。存在违法或者犯罪记录、在全国信用信息共享平台中有不良信用记录、在各类评价活动中因弄虚作假等行为受到处罚或处分等情况的不能聘为专家。

（3）专家权利与义务

专家在评价工作中应严格遵守相关法规纪律，准确把握评价办法、细则等相关制度文件，独立、客观、公正地开展评价工作，准确做出判断并提出评价意见。专家有权要求参评城市对有关事项做出解释和说明，有权获取评价工作所需的有关信息和材料，但应对参评城市的相关资料进行保密。

5．保障措施

（1）评价与管理费用

国务院安委会办公室为评价和复核工作支付相关费用，并纳入财政年度预算。

（2）信息平台

国务院安委会办公室建设国家安全发展示范城市信息管理平台和评价专家库，加强对国家安全发展示范城市评价工作的动态管理。

（3）奖惩措施

地方各级人民政府制定相关奖励办法，对创建工作中做出突出贡献的单位和个人给予奖励，在考核和评优方面优先考虑。

（三）安全发展示范城市创建与评价要点

根据提出的推进城市安全发展战略措施，确定安全发展示范城市创建与评价要点，包括源头治理、监督管理、风险防控、监测预警、应急救援、科技装备、社会化服务、文化建设、安全指标9个方面、30项。

（1）源头治理

①将城市安全纳入城市国民经济和社会发展规划、城市总体规划。制定城市防震减灾、综合防灾减灾、安全生产等专项规划。落实建设项目实施前的安全评价论证工作。

②强化消防站点、水源等消防安全设施的建设和定期维护，依法依规、因地制宜规划建设各类消防站、市政消火栓等公共消防基础设施，加强维护管理。加强城市道路、铁路、地铁等的交通安全设施建设和维护。严格治理城市建成区违法建设。

③制定中心城区安全生产禁止和限制类产业目录。完善高危行业企业退城入园、搬迁改造和退出转产奖励政策。加快推进城镇人口密集区不符合安全和卫生防护距离要求的危化品生产、储存企业就地改造达标、搬迁进入规范化工园区或依法关闭退出。深入推进企业安全生产标准化建设。

（2）监督管理

①全面落实各级党委和政府的安全责任。按照“三个必须”和谁主管谁负责原则，明确各相关部门安全管理工作职责，并落实到部门职责规定中。加强安全与应急资

金投入。

②根据经济技术开发区、工业园区、港区、风景名胜区等各类功能区的类型和规模，明确负责安全监管的机构。加强基层安全执法力量，强化基层执法和检查工作。

③加强安全监管执法机构规范化、标准化建设。提高安全监管执法人员业务素质能力。落实执法用车及装备。

④建立完善安全生产行政执法和刑事司法衔接制度。依法明确停产停业、停止施工、停止使用相关设施或设备，停止供电、停止供应民用爆炸物品，查封、扣押、取缔和上限处罚等执法决定的适用情形、时限要求、执行责任。

（3）风险防控

①定期对城市安全风险进行全面辨识评估，建立城市安全风险清单，明确风险管控的责任部门和单位，绘制安全风险空间分布图。编制城市安全风险白皮书，及时更新发布。

②对重点的人员密集场所、安全风险较高的大型群众性活动开展安全风险评估，建立智能化大客流监测预警和应急管控处置机制。

③制定城市安全隐患排查治理规范，健全隐患排查治理体系。督促企业建立隐患自查自改制度。强化对各类生产经营单位和场所落实隐患排查治理制度情况的监督检查。加强施工前作业风险评估，强化危险作业，以及塔吊、脚手架在使用和拆装过程中的安全管理。

④加强地震灾害风险普查及防控，强化城市活动断层探测。加强城市地质灾害、城市内涝隐患点排查。推行高层建筑消防安全经理人或楼长制度，加强老旧城区火灾隐患排查，建立自我管理机制。明确电梯使用、维护单位安全责任，保障电梯安全运行。升级城市放射性废物库安全保卫设施。

（4）监测预警

①完善重大危险源辨识、申报、登记、监管制度，建立动态管理数据库，加快提升在线监控预警能力。加强对城市地下燃气、供热、给水、排水、通信、供电、隧道桥梁、电梯、大型综合体、综合交通枢纽、大型游乐设施等的安全智能监控预警。

②做好地震、气象、地质、洪涝、干旱、森林火灾等自然灾害监测预警，及时开展风险预测分析。

③制定监测预警制度，完善监测预警机制。

（5）应急救援

①完善应急预案，实现政府预案与部门预案、企业预案、社区预案有效衔接，定期开展演练。

②加强各类专业化应急救援基地和队伍建设，支持引导有条件的社会救援力量参与应急救援。建立完善日常应急救援技术服务制度，不具备单独建立专业应急救援队伍的中小型企业，要与相邻有关专业救援队伍签订救援服务协议，或者联合建立专业应急救援队伍。

③健全应急物资储备调用机制，完善物资储备库建设。根据城市人口分布和规模，充分利用公园、广场、校园等宽阔地带，建立完善应急避难场所。

④建设应急管理信息平台，具备综合业务管理（信息报告）、风险隐患监测、预测预警、辅助决策、指挥调度、应急保障、应急评估和模拟演练等功能，实现应急管理与市场监管、环境保护、治安防控、道路交通、信用管理等部门公共数据资源共享机制。

⑤建立健全应急信息报告制度。健全多部门协同响应处置机制，完善应急救援联动机制。

（6）科技装备

①加强应急处置技术方法研究及基础性、关键性技术攻关。研发、应用和配备技术先进、性能可靠、机动灵活、适应性强的应急救援装备。

②提升重点行业领域的本质安全水平。

③支持安全和应急科技项目，运用相关科技成果。

（7）社会化服务

①强化城市安全专业技术服务力量。大力实施安全生产责任保险，突出事故预防功能。

②加快推进安全生产领域信用体系建设，强化失信惩戒和守信激励。

③完善城市社区安全网格化工作体系，强化末梢管理。

（8）文化建设

①创作和传播具有城市特点的防灾减灾、安全文化产品，营造关爱生命、关注安全的浓厚社会氛围。

②积极建设防灾减灾、安全文化教育体验基地、场馆等，推进把防灾减灾和安全文化元素融入公园、学校、街道、社区等。

③加大普法力度，切实提升市民的安全法治意识。推广普及安全常识，提高市民安全素质和自救互救技能。

（9）安全指标

①亿元 GDP 死亡率、道路交通万车死亡率、工矿商贸十万从业人员死亡率、火灾十万人口死亡率等指标低于全国平均水平。

②市民安全感较高。

（四）安全发展示范城市评价指标与细则

按照可量化、可操作、可考核的原则，提出安全发展示范城市的评价指标与细则（如下表 7-1　安全发展示范城市评价细则）。

表 7-1 安全发展示范城市评价细则

评价要点	评价细则	评价标准	分值	评分方法
（一）源头治理	1.将城市安全纳入城市国民经济和社会发展规划、城市总体规划。制定城市防震减灾、综合防灾减灾、安全生产等专项规划。落实建设项目实施前的安全评估论证工作。	（1）制定城市国民经济和社会发展规划、城市总体规划，体现综合防灾减灾和公共安全的要求； （2）制定城市综合防灾减灾规划、防震减灾规划、地质灾害防治规划、防洪规划、安全生产规划、消防规划、道路交通安全管理规划、排水防涝规划等； （3）对上述规划要求进行专家论证评审；	2	资料查阅。城市国民经济和社会发展规划、城市总体规划未体现综合防灾和公共安全要求的，扣0.5分。 未制定综合防灾减灾规划、防震减灾规划、地质灾害防治规划、防洪规划、安全生产规划、消防规划、道路交通安全管理规划、排水防涝规划的，每发现一处扣0.25分；上述规划没有进行专家论证评审的，每发现一处扣0.1分，1.5分扣完为止。
		（4）建设项目按照法律法规进行安全预评价、安全设施设计审核、消防设计审核、地震安全性评价、地质灾害危险性评估。	2	资料查阅。随机抽查10个建设项目，不具备相关评价报告或审核文件，每发现一个扣0.2分。
	2.强化消防站点、水源等消防安全设施的建设和定期维护，依法依规、因地制宜规划建设各类消防站、市政消火栓（消防水鹤）等公共消防基础设施，加强维护管理。加强城市道路、铁路、地铁等的交通安全设施建设和维护。严格治理城市建成区违法建设。	（1）消防站数量、等级、规模、装备等，符合标准要求； （2）制定分工明确、责任明晰的市政消防设施建设维护管理规定，市政消火栓（消防水鹤）建有率符合标准要求，且完好有效；	3	实地查看。随机抽查5处消防站，规划布局、装备配备不符合要求的，每发现一处扣0.2分，1分扣完为止。 随机抽查5处市政消火栓（消防水鹤、天然消防水源）不符合要求的，每发现一处扣0.2分，1分扣完为止。 未制定分工明确、责任明晰的市政消防设施建设维护管理规定的，扣1分。

续 表

评价要点	评价细则	评价标准	分值	评分方法
		（3）城市主干道、次干道及过街天桥、立交桥、下穿涵洞和地下通道设置符合标准要求； （4）人员密集地区不存在铁路平交道口； （5）道路安全设施正常运行； （6）消防通道符合要求；	2	实地查看。随机抽查建成区内5个街道，城市主干道、次干道及铁路周边过街天桥和地下通道未按标准设置的，每发现一处扣0.2分；人员密集地区存在铁路平交道口，每发现一处扣0.2分；桥梁缺乏限高、限重标识的，每发现一处扣0.2分；信号灯损坏、标志标线设置错误，每发现一处扣0.1分；消防通道不符合标准的，每发现一处扣0.2分。2分扣完为止。
		（7）城市建成区内不存在单个300平方米及以上违建项目； （8）推进城市道路综合管廊建设。	2	实地查看。随机抽查建成区内5个街道，发现单个300平方米及以上违建项目，扣1分。 资料查阅。城市道路综合管廊综合配建率低于2%，扣1分。
	3.制定中心城区安全生产禁止和限制类产业目录。完善高危行业企业退城入园、搬迁改造和退出转产扶持奖励政策。加快推进城镇人口密集区不符合安全和卫生防护距离要求的危险化学品生产、储存企业就地改造达标、搬迁进入规范化工园区或依法关闭退出。深入推进企业安全生产标准化建设。	（1）制定中心城区禁止和限制产业政策或产业目录；	1	资料查阅。查阅是否有相关文件，未制定的扣1分。
		（2）确定分批关闭、转产和搬迁企业名单，并制定年度退出转产工作方案和计划； （3）制定城区企业关停并转、退城入园的综合性支持政策；	2	资料查阅。未出台高危行业企业退出、改造或转产等奖励政策的，扣0.5分；未制定高危行业企业退城入园、改造搬迁、退出转产工作方案和计划的，扣0.5分；未按计划完成危险化学品生产企业改造、搬迁工作的，扣1分。
		（4）规模以上工业企业安全生产标准化达到95%及以上。	1	资料查阅。规模以上工业企业安全生产标准化率低于95%的，扣0.5分；低于90%扣1分。

续 表

评价要点	评价细则	评价标准	分值	评分方法
	4.全面落实各级党委和政府的安全责任。按照“三个必须”和谁主管谁负责原则，明确各相关部门安全管理工作职责，并落实到部门职责规定中。加强安全与应急资金投入。	（1）制定城市各级党委和政府对本地区安全管理工作的领导责任相关规定；（2）明确各级各部门安全管理责任，并建立责任清单；（3）加强安全与应急资金投入。	3	资料查阅。未制定党政领导安全责任有关文件的，1.5分全扣。其中文件内容不符合《地方党政领导干部安全生产责任制规定》，扣1分；不符合《消防安全责任制实施办法》等其他文件要求的，扣0.5分。资料查阅。未制定各有关部门安全管理权力和责任清单的，扣0.5分。权责清单有明显漏项的，扣0.5分。资料查阅。以往三年，每年安全与应急专项资金投入三年持续下降的，扣0.5分。
（二）监督管理	5.根据经济技术开发区、工业园区、港区、风景名胜区等各类功能区的类型和规模，明确负责安全监管的机构。加强基层安全执法力量，强化基层执法和检查工作。	（1）明确各类功能区安全监管机构；（2）制定和落实加强基层执法力量的相关措施和制度办法。	2	资料查阅和实地查看。随机抽查3个功能区，没有明确负责安全监管机构和机构安全监管责任的，每个扣0.5分，1分扣完为止；随机抽取3个区（县），综合考量监管执法力量与监管任务是否匹配，不适宜的扣1分。
	6.加强安全监管执法机构规范化、标准化建设。提高安全监管执法人员业务素质能力。落实执法用车及装备。	提升安全监管执法人员业务素质，落实执法用车和装备。	3	资料查阅。检查执法人员培训记录、执法装备和用车，综合判定该项分值，最高得3分。
	7.建立完善安全生产行政执法和刑事司法衔接制度。依法明确停产停业、停止施工、停止使用相关设施或设备，停止供电、停止供应民用爆炸物品，查封、扣押、取缔和上限处罚等执法决定的适用情形、时限要求、执行责任。	（1）加大安全执法检查力度；（2）建立安全生产行政执法和刑事司法衔接制度；（3）规范行政处罚和行政强制行为。	2	资料查阅。具有执法权的应急管理部门年度行政处罚案件占总检查次数比例不足5%，扣0.5分；未制定安全生产行政执法和刑事司法衔接制度，扣0.5分。资料查阅。抽查1年内4个负有安全监管职责部门各5份执法文书，综合判定该项分值，最高得1分。

续 表

评价要点	评价细则	评价标准	分值	评分方法
（三）风险防控	8定期对城市安全风险进行全面辨识评估，建立城市安全风险清单，明确风险管控的责任部门和单位，绘制安全风险空间分布图。编制城市安全风险白皮书，及时更新发布。	（1）建立城市安全风险定期评估制度；	1	资料查阅。未建立定期评估制度的，扣1分。
		（2）对城市安全风险进行全面的评估，制定安全风险清单，明确风险管控责任部门；	2	资料查阅。未制定安全风险清单，扣1分。清单对城市风险没有明确管控责任部门的，扣1分。
		（3）编制城市安全风险白皮书。	1	资料查阅。未编制城市安全风险白皮书，扣1分。
	9.对重点的人员密集场所、安全风险较高的大型群众性活动开展安全风险评估，建立智能化大客流监测预警和应急管控处置机制。	（1）建立大客流监测预警及应急管控制度； （2）地铁站、车站、公园景区、大型商场超市、大型城市综合体、影剧院、大型体育馆、医院等人员密集场所建立大客流监测预警管理平台。	1	随机抽取5个街道，对其中人员密集场所进行检查。 资料查阅。未建立大客流监测预警及应急管控制度，每发现一处扣0.1分。 实地查看。未建立大客流监测预警管理平台，扣0.5分。
	10.制定城市安全隐患排查治理规范，健全隐患排查治理体系。督促企业建立隐患自查自改制度。强化对各类生产经营单位和场所落实隐患排查治理制度情况的监督检查。加强施工前作业风险评估，强化危险作业以及塔吊、脚手架在使用和拆装过程中的安全管理。	（1）建立城市安全隐患排查治理规范； （2）督促企业建立隐患自查自改和风险分级管控等制度； （3）建立和落实施工作业前风险评估制度。	1	资料查阅。未制定城市隐患排查治理规范的，扣1分。 实地查看。随机抽查10家企业，检查企业隐患自查自改制度、风险分级管控制度、隐患排查治理记录以及“双报告”制度，每发现一家缺少制度或记录的扣0.2分，1分扣完为止。 实地查看。随机抽查10家企业，检查企业各类施工作业前的风险评估制度建立情况，每发现一家未建立的扣0.2，1分扣完为止。

续 表

评价要点	评价细则	评价标准	分值	评分方法
	11.加强地震灾害风险普查及防控，强化城市活动断层探测。加强城市地质灾害、城市内涝隐患点排查。推行高层建筑消防安全经理人或楼长制度，加强老旧城区火灾隐患排查，建立自我管理机制。明确电梯使用、维护单位安全责任，保障电梯安全运行。升级城市放射性废物库安全保卫设施。	（1）对城市老旧房屋开展抗震鉴定、风险排查或震害预测工作；开展城市活动断层探测工作；	2	资料查阅。有地震灾害风险的城市，没有印发老旧房屋抗震鉴定、风险排查或震害预测政府文件，扣0.5分。没有开展城市活动断层探测工作，扣0.5分。 实地查看。随机抽查建成区内5个小区，城市危旧房改造加固不符合要求的，每发现一处扣0.2分，1分扣完为止。
		（2）减少城市建成区存在易涝点； （3）加强地质灾害隐患排查治理；	1	资料查阅。调取国家城市排水防涝补短板项目信息库实时数据，参评城市存在5个及以上的易涝点，扣0.5分。 检查人员密集区、铁路公路等干道沿线、桥梁隧道、大型项目等周边地质灾害隐患排查治理情况，综合判定该项分值，最高得0.5分。
		（4）落实高层建筑消防安全经理人、楼长制度； （5）督促整改私拉乱接电线、超负荷用电、线路老化和影响消防车通行的障碍物等问题；		实地查看。随机抽查10栋高层建筑，未明确消防安全经理人、楼长，未设置公告牌的，每发现一处扣0.5分，1分扣完为止。 随机查看2个老旧城区，未组织相关部门对老旧城区开展火灾隐患排查的，扣0.5分；老旧城区私拉乱接电线、线路老化、超负荷用电和影响消防车通行等问题突出的，扣0.5分。
		（6）明确电梯使用、维护单位安全责任； （7）抽查电梯的维保情况；		实地查看。随机抽取10部直梯和5部扶梯，检查使用、维护单位安全责任和维保情况，每有一梯不符合要求的，扣0.2分，扣完为止。
		（8）对城市放射性废物库安全保卫设施进行合规性检查。	1	资料查阅。对放射性废弃库安全保卫设施缺少相关文件要求，扣1分。

续 表

评价要点	评价细则	评价标准	分值	评分方法
（四）监测预警	12.完善重大危险源辨识、申报、登记、监管制度，建立动态管理数据库，加快提升在线监控预警能力。加强对城市地下燃气、供热、给水、排水、通信、供电、隧道桥梁、电梯、大型综合体、综合交通枢纽、大型游乐设施等的安全智能监控预警。	（1）制定城市重大危险源辨识、申报、登记、监管制度，构建动态管理数据库，实现在线监控预警；	2	资料查阅和实地查看。没有构建城市重大危险源动态管理数据库的，扣1分；没有实现在线监控预警的，扣1分。
		（2）建立完善城市安全智能监控预警信息中心；实现对城市地下燃气、供热、给水、排水、通信、供电、桥梁、电梯等的安全智能监控预警。	8	实地查看。没有实现地下燃气、供热、给水、排水、通信、供电、桥梁、电梯的安全智能监控预警，每缺少一项，扣1分；每有一项不能覆盖城市主要区域的，扣0.5分。
	13.做好地震、气象、地质、洪涝、干旱、森林火灾等自然灾害监测预警，及时开展风险预测分析。	组织开展城市自然灾害监测探测排查活动；建立预测预警评估机制。	1	资料查阅。没有建立各类自然灾害监测预警体系，每缺少一项扣0.5分，1分扣完为止。
	14.制定完善城市预警机制和制度。	制定监测预警制度，完善监测预警机制。	1	资料查阅。检查城市监测预警制度和机制及运行情况，综合判定该项分值，最高得1分。
（五）应急救援	15.完善应急预案，实现政府预案与部门预案、企业预案、社区预案有效衔接，定期开展演练。	（1）制定应急预案，检验应急预案程序的合规性及不同部门的衔接性； （2）定期开展应急演练，演练后及时总结评估和改进完善。	3	资料查阅。选取1个区政府、5家企业、1个社区，检查应急预案，每缺失一项的扣0.2分，1分扣完为止。 对应急预案的合规性、衔接性和演练情况进行审查，综合判定该项分值，最高得2分。
	16.加强各类专业化应急救援基地和队伍建设，支持引导有条件的社会救援力量参与应急救援。建立完善日常应急救援技术服务制度，不具备单独建立专业应急救援队伍的中小型企业要与相邻有关专业救援队伍签订救援服务协议，或者联合建立专业应急救援队伍。	（1）强化应急救援基地和队伍建设； （2）建立支持引导社会救援力量有序参与应急工作机制；	3	资料查阅和实地查看。基于城市情况，对该城市应急救援基地和队伍建设情况进行评价，综合判定该项分值，最高得2分。 检查对社会救援力量在装备、训练和经济支持的情况和记录，综合判定该项分值，最高得1分。
		（3）保证中小型企业应急救援工作。	1	资料查阅。随机抽查10家中小型企业签订应急救援服务协议和联合建立专业救援队伍的情况，计分：合格数/10*1。

续 表

评价要点	评价细则	评价标准	分值	评分方法
	17.健全应急物资储备调用机制，完善物资储备库建设。根据城市人口分布和规模，充分利用公园、广场、校园等宽阔地带，建立完善应急避难场所。	（1）建立应急物资储备调用和应急联动机制； （2）建设应急物资储备库，并做好储备情况； （3）应急避难场所的分布情况和避难场所标志明确、功能完备、维护及时。	3	实地查看。考察应急物资的储备、调用和联动机制建立情况，综合判定该项分值，最高得1分。 抽取部分物资储备库，实地检查储备库建设和物资储备情况，综合判定该项分值，最高得1分。 实地查看。对应急避难场所的分布情况和实际情况进行评价，综合判定该项分值，最高得1分。
	18.建设应急管理信息平台，具备综合业务管理（信息报告）、风险隐患监测、预测预警、辅助决策、指挥调度、应急保障、应急评估和模拟演练等功能，实现应急管理与市场监管、环境保护、治安防控、道路交通、信用管理等部门数据资源共享。	（1）建立城市应急管理信息平台； （2）具备综合业务管理（信息报告）、风险隐患监测、预测预警、辅助决策、指挥调度、应急保障、应急评估和模拟演练等功能； （3）实现多部门信息共享； （4）强化平台实用性。	8	实地查看。未建立城市应急管理信息平台，本项不得分。 平台不具备综合业务管理（信息报告）、风险隐患监测、预测预警、辅助决策、指挥调度、应急保障、应急评估和模拟演练等功能，缺少一项扣0.5分。 不能实现多部门的信息共享，扣2分；就共享的部门和数据情况，综合判定该项分值，最高得1分。 根据系统日常使用情况，综合判定分值，最高得2分。
	19.建立健全应急信息报告制度。健全多部门协同响应处置机制，完善应急救援联动机制。	建立健全应急信息报告制度。	2	资料查看。未建立健全应急信息报告制度，扣1分；未健全多部门协同响应处置机制，扣0.5分；未完善应急救援联动机制的，扣0.5分。

续 表

评价要点	评价细则	评价标准	分值	评分方法
（六）科技装备	20.加强应急处置技术方法研究及基础性、关键性技术攻关。研发、应用和配备技术先进、性能可靠、机动灵活、适应性强的应急救援装备。	（1）设立应急处置基础性、关键性技术攻关项目； （2）推广使用先进的应急救援装备、设施。	4	资料查阅。设立应急处置基础性、关键性技术攻关专项科研资金占本市科研投入低于2%，扣1分； 没有采购相关设备的，扣1分； 结合城市实际情况和相关设备采购情况，综合判定分值，最高得2分。
	21.提升重点行业领域的本质安全水平。	推广先进、淘汰落后生产工艺和技术。	3	实地查看。随机抽查5家企业，综合判定该项分值，最高得3分。企业存在《淘汰落后安全技术工艺、设备目录》中的情形，3分全扣。
	22.支持安全和应急科技项目，运用相关科技成果。	申报安全和应急科技项目情况。相关科技成果、产品的使用情况；组织实施道路交通安全、工程施工安全、消防等领域的安全装备试点示范。	2	现场查看和资料查阅。查阅参评城市上一年度纳入国家重点科技项目和省级重点科技项目的情况，结合城市实际情况综合判定，最高得1分。 查看城市在应急科技成果、产品的推广使用情况，结合城市实际情况综合判定，最高得1分；具有市级以上的安全装备示范工程，本项1分全得。

续　表

评价要点	评价细则	评价标准	分值	评分方法
（七）社会化服务	23.强化城市安全专业技术服务力量。大力实施安全生产责任保险，突出事故预防功能。	（1）制定鼓励安全专业技术服务力量发展的政策；	1	现场查看和资料查阅。结合制定相关鼓励政策和安全专业技术服务水平，综合判定该项分值，最高得1分。
		（2）高危企业投保安全生产责任险的情况； （3）通过安全责任险开展事故预防工作。	3	资料查阅。随机抽查10家高危企业，发现高危企业未投保安全生产责任保险的，每发现一处扣0.2分，1分扣完为止； 发现保险公司未对投保的高危企业开展事故预防工作的，发现一处扣0.2分，2分扣完为止。
	24.加快推进安全生产领域信用体系建设，强化失信惩戒和守信激励。	执行安全生产失信联合惩戒守信联合激励制度。	1	资料查阅。未建立“红黑名单”企业情况采集、报送、会审、报批、推送、成效反馈、异议处理到移出的全过程工作机制，扣0.5分。 未建立本层级联合奖惩工作的跟踪、监测、统计、动态评估和持续改进机制，扣0.5分。
	25.完善城市社区安全网格化工作体系，强化末梢管理。	（1）建立城市社区安全网格化工作体系，配备网格化管理人员； （2）定期开展社区日常巡查、报告、整改工作。	2	资料查阅。没有网格化工作制度的，扣1分。日常巡查记录缺失的，扣1分；不完善的，扣0.5分。

续 表

评价要点	评价细则	评价标准	分值	评分方法
（八）文化建设	26.创作和传播具有城市特点的防灾减灾、安全文化产品，营造关爱生命、关注安全的浓厚社会氛围。	制作、播放本市安全相关的音像制品、图书读物、公益广告。	1	资料查阅。观看提供的音像制品、图书读物、公益广告等，综合判定该项分值，最高得1分。
	27.积极建设防灾减灾、安全文化教育体验基地、场馆等，推进把防灾减灾和安全文化元素融入公园、学校、街道、社区等。	建设防灾减灾和安全文化教育体验基地、场馆、文化长廊。	3	实地查看。了解城市建立防灾减灾、安全教育基地和场馆的情况，综合判定该项分值，最高得1分。 公园、学校、街道、社区有体现防灾减灾安全文化标语标识元素的，最高得1分。 随机选取2个车站或火车站、2个广场，查看宣传各类安全知识和自救互救知识的情况，综合判定该项分值，最高得1分。
	28.加大普法力度，切实提升市民的安全法治意识。推广普及安全常识，提高市民安全素质和自救互救技能。	（1）开展防灾减灾、安全教育活动； （2）随机测试市民安全知识。	2	资料查阅和问卷调查。未提供“安全生产月”“防灾减灾日”等宣传教育活动相关资料的，扣0.5分。随机选取100—300位市民，以知识问卷（百分制）进行考察，计分=平均成绩/100*1.5。
（九）安全指标	29.亿元GDP死亡率、道路交通万车死亡率、工矿商贸十万从业人员死亡率、火灾十万人口死亡率等安全指标情况。	城市安全指标状况。	3	资料查阅。上年度亿元GDP死亡率高于全国数值的，扣0.5分； 上年度道路交通事故万车死亡率高于全国数值的，扣0.5分； 上年度工矿商贸十万从业人员死亡率高于全国数值的，扣0.5分； 上年度火灾十万人口死亡率高于全国数值的，扣0.5分； 上年度上述四项指标中有一项高于本省数值的，扣1分； 发生3起及以上较大事故，3分全扣。
	30.市民安全感。	市民对居住城市的安全满意度。	3	问卷调查。提供市民安全感调查问卷（百分制），随机选取100—300户家庭填写。计分=平均计分/100*3分。

参考文献

[1] 课题组．安全发展示范城市建设理论与实践 [M]．北京：中国环境出版社，2014．

[2] 谢宏．安全生产基础理论新发展 [M]．广州：世纪图书出版公司，2015．

[3] 罗云，赵一归，许铭．安全生产理论 100 则 [M]．北京：煤炭工业出版社，2018．

[4] 周慧．安全与发展：中国安全生产理论与实践创新 [M]．北京：北京大学出版社，2006．

[5] 国家统计局．中国统计年鉴 2018[M]．北京：中国统计出版社，2018．

[6] 编写组．《中共中央 国务院关于推进安全生产领域改革发展的意见》学习读本 [M]．北京：煤炭工业出版社，2016．

[7] 编写组．《关于推进城市安全发展的意见》学习读本 [M]．北京：煤炭工业出版社，2018．

[8] 赵一归．把握推进城市安全发展的四维向度 [N]．中国安全生产报，2018 年 4 月 3 日理论版．

[9] 罗云，裴晶晶．城市小康社会安全指标体系设计 [J]．中国安防产品信息，2014 年第 6 期．

[10] 孙建平．城市安全风险防控概论 [M]．上海：同济大学出版社，2018．

[11] 周慧．城市安全：中国城市运行安全问题的制度性根源 [M]．北京：中共中央党校出版社，2014．

[12] 胡颖廉．国家食品安全战略基本框架 [J]. 中国软科学，2016 年第 9 期．

[13] 王志良．中国城市安全的全方位管理体系研究 [J]. 科学发展，2011 年第 7 期．

[14] 刘影，施式亮．城市公共安全管理综合体系研究 [J]. 自然灾害学报，2010 年第 6 期．

[15] 课题组．化工业，城镇化进程中安全生产主要问题及对策研究 [R]. 国家安

全生产监督管理总局信息研究院，2017 年 .

[16] 赵汗青 . 中国现代城市公共安全管理研究 [D]. 东北师范大学，2012 年 .

[17] 刘文革 . 推进城市安全发展的重大意义和要点解析 [J]. 中国安全生产，2018 年第 7 期 .

[18] 庄少生 . 厦门市创建国家安全发展示范城市的实践与探索 [J]. 安全与健康，2016 年第 4 期 .

[19] 孙庆刚 . 创建安全发展示范城市的实践探讨 [J]. 中国安全生产，2018 年第 12 期 .

[20] 曲敏彰 . 我国城市安全发展存在的问题及对策 [J]. 科技创新与应用，2016 年第 4 期 .

[21] 申志勇 . 顺义安全发展示范城市建设经验 [J]. 现代职业安全，2015 年第 3 期 .

[22] 吴宗之，郭再富 . 我国城镇化对安全生产管理的挑战及对策研究 [J]. 中国安全生产科学技术，2014 年第 10 期 .